Tjards Wendebourg

GALABAU BILDER WÖRTERBUCH

Interaktives Lernen mit Bildern und QR-Codes

Hallo, ich bin...

die Landschaftsgärtnerin
[Landschafts-gärtnarin]

Hallo, ich bin...

der Landschaftsgärtner
[Landschafts-gärtna]

die Kollegin
[Kollegin]

der Kollege
[Kollege]

Inhaltsverzeichnis

SEITE
4-5 Vorwort

Die Idee zum „interaktiven GaLaBau-Bilder-Wörterbuch (iGBW)" entstand auf dem Höhepunkt der Flüchtlingswelle im Herbst 2015. Für die Redaktion der DEGA-Fachzeitschriftengruppe stand damals die Frage im Mittelpunkt, wie man gleichzeitig einen Beitrag zur Integration leisten und den Fachkräftemangel im GaLaBau bekämpfen kann.
Daraus entstand das Konzept, Fachsprache über Bilder zu vermitteln und damit die Kommunikation auf der Baustelle zu erleichtern. Die Redakteure Tjards Wendebourg und Christoph Killgus hatten die Idee, Bilder von Werkzeugen, Maschinen, Baustoffen, Bauteilen und Tätigkeiten mit über QR-Codes verknüpften Tondateien zu kombinieren, sodass Bilder mithilfe eines Smartphones interaktiv werden.
Um das Ganze möglichst schnell umzusetzen, wurde in der Redaktion beschlossen, das iGBW als doppelseitige Serie in den Fachmagazinen DEGA GALABAU und FLÄCHENMANAGER zu starten. So konnte das Konzept bereits im Januar 2016 an den Start gehen. Noch im selben Jahr wurde es auf der Messe GaLaBau mit der Innovationsmedaille ausgezeichnet.
Aus dem anfänglich als Integrationswerkzeug für Flüchtlinge konzipierten Bildwörterbuch entstand schnell eine universale Lernhilfe für Auszubildende, Praktikanten, Zuwanderer und bereits im GaLaBau arbeitende Helfer mit schlechten Deutschkenntnissen. Das Buch liefert einen Überblick über 2.500 im GaLaBau verwendete Fachbegriffe und ist damit ein Nachschlagewerk, das in Handwerk und Industrie in seiner Art einmalig ist.
Für die GaLaBau-Unternehmen hat das iGBW einige positive Effekte. Denn erstens können die Nutzer auch ohne Hilfe des jeweiligen Betriebes lernen. Außerdem dokumentiert das Unternehmen durch die Übergabe des Bilder-Wörterbuchs an Auszubildende und Berufsanfänger nicht nur seine Bereitschaft, beim Lernen mitzuhelfen, sondern verbindet damit auch die Aufforderung, Fachdeutsch zu lernen und sich in die Firma zu integrieren.
Die Einsteiger in den GaLaBau erkennen wiederum auf den ersten Blick die Vielfalt des Landschaftsgärtner-Berufes und können sich schrittweise und schwerpunktorientiert in die Fachbereiche und deren Fachbegriffe einarbeiten. Dabei nimmt das iGBW von den Lernenden den sozialen Druck, weil sie die Tondateien „im stillen Kämmerlein" so lange anhören können, bis sie sie richtig können, ohne das sie dabei Angst haben müssten, zu scheitern oder kontrolliert zu werden. Durch die Fähigkeit der meisten modernen Smartphones, mit der Kamera-App QR-Codes aufzurufen, ist die Bedienung kinderleicht geworden, zumal den Fachbegriffen in der 2. Auflage noch die weiblichen (rot), männlichen (blau) und sächlichen (grün) Artikel hinzugefügt wurden.
Gute Sprachkenntnisse erleichtern nicht nur die Integration, sondern verbessern für Nutzer außerdem die Chancen, Abschlüsse zu erzielen und damit auch mehr Geld zu verdienen. Ein GaLaBau-Azubi im 3. Lehrjahr verdient zum Beispiel bereits gut 1.000 Euro im Monat.
Ganz nebenbei leistet das iGBW einen wertvollen Beitrag dazu, die Begriffe im gesamten deutschen Sprachraum zu vereinheitlichen und damit den überregionalen Austausch zu erleichtern sowie den GaLaBau als Gewerk noch prägnanter zu positionieren.

INNOVATION
AUSGEZEICHNET AUF DER
GaLaBau
2016 NÜRNBERG
FÜR DEN GARTEN-LANDSCHAFTS-UND SPORTPLATZBAU

Willkommen beim „interaktiven GaLaBau-Bilder-Wörterbuch (iGBW)". Auf den folgenden Seiten könnt Ihr mithilfe der Bilder, Textfelder oder Tondateien lernen, welche Fachbegriffe im Garten-, Landschafts- und Sportplatzbau verwendet werden, wie man sie ausspricht und in welche Arbeitsbereiche des GaLaBaus sie gehören.

Wenn Ihr die QR-Codes mit Eurem Smartphone scannt, bekommt Ihr jeweils einen Link zu einer Tondatei, die Euch den Fachbegriff fünfmal vorliest; dreimal hintereinander, dann noch einmal mit dem bestimmten Artikel und einmal mit dem unbestimmten Artikel. Alle Tätigkeiten (Verben) werden durch die Landschaftsgärtnerin oder den Landschaftsgärtner in Bildern dargestellt. Die bekommt Ihr mit allen Formen (ich, du, er/sie, wir, ihr, sie) der Jetzt-Zeit (Präsens) vorgelesen.

Wie Ihr die QR-Codes oder die Tondateien im Audioportal aufruft, zeigen Euch die Bilder auf den nächsten Seiten.

Dieses Buch ist mit großzügiger Unterstützung der Bildungsstiftung Garten-, Landschafts- und Sportplatzbau Berlin und Brandenburg sowie der führenden Landschaftsbau-Fachzeitschrift DEGA GALABAU entstanden. Wir bedanken uns außerdem bei den Sponsoren Birchmeier, Braun sowie metabo für ihre finanzielle Unterstützung.

braun | steine
seit 1875

SEITE

6-7 Lautschrift + Audioportal

Die Lautschrift

Natürlich ist die verwendete Lautschrift nicht die wissenschaftlich korrekte. Denn dazu müsste man eigene Zeichen lernen. Auch ist die Aussprache über die Lautschrift nicht immer ganz sauber. Wir haben uns entschieden, in der Lautschrift eine Sprache zu verwenden, die man vielleicht als „Baustellen-Hochdeutsch" bezeichnen kann; also orientiert am Hochdeutschen, aber so umgangssprachlich abgewandelt, dass man sich auf der Baustelle nicht lächerlich macht. Dafür haben wir versucht, mit den gängigen Buchstaben auszukommen. Wer Zweifel hat, kann den richtigen Ton im Audioportal oder via QR-Code anhören.

LKW-Fahrer
[El-ka-we-Fara]

Das Audioportal

Wer ohne QR-Code lernen möchte, kann auch ganz einfach das Audioportal nutzen. Einfach den Webcode dega3768 in das Feld mit dem Lupensymbol oben auf www.dega-galabau.de eingeben. Dort erscheint eine nummerische Liste aus Links mit allen Bildtafeln, so, wie sie im Buch erscheinen. Hinter jedem Link verbergen sich alle abgebildeten Begriffe in der Reihenfolge, wie sie im Buch durchnummeriert sind. Das geht über Laptop, PC, Pad oder das Smartphone – die Seite ist responsiv und passt sich jedem Endgerät an.

www.dega-galabau.de
DEGA GALABAU
2017
RAKTIVES GALABAU-BILDER-WÖRTERBUCH
ıdioportal zum
ıLaBau-Bilder-
örterbuch
ommen im Audioportal zum interaktiven
Bau-Bilder-Wörterbuch (iGBW). Hier können Sie
ondateien auch ohne QR-Codes direkt über
ansteuern. Wählen Sie einfach die gewünschte
fel aus der Liste. Hinter der verlinkten Bildtafel
n Sie alle Tondateien/Gegenstände so
nummeriert, wie sie auch auf den Bildtafeln im
abgedruckt sind.
Cookie Policy
Telekom.de LTE 10:26 99 %
dega-galabau.de
Bildtafel 009: Wasser
Bildtafel 010: Handwerkzeuge
Bildtafel 011: Handwerkzeuge anwenden
Bildtafel 012: Befestigen
Bildtafel 014: Handgeräte
Bildtafel 016: Anbaugeräte
Bildtafel 017: Pflegegeräte
Bildtafel 018: Fahrzeuge 1
Bildtafel 019: Fahrzeuge 2
Bildtafel 020: Ladungssicherung
Bildtafel 021: Tankstelle
Bildtafel 022: Baustelle einrichten und absperren
Bildtafel 023: Gerüste und Leitern
Bildtafel 024: Messen und markieren
Telekom.de LTE 09:03 88 %
dega-galabau.de
(1) Baumaschinen
(2) Raupenbagger
(3) Mobilbagger
(4) Schreitbagger
(6) Kompaktbagger
(7) Friedhofsbagger
(8) Raddumper
(9) Kompressor
(10) Minidumper
(11) Mini-Raddumper
(12) Raupendumper
(13) Kompaktlader
(14) Teleskoplader
(15) Walzenzug
Liveübertragung

SEITE
8-9 Begriffe über QR-Codes aufrufen

Bei fast allen modernen Smartphones liest die Kamera-App die QR-Codes automatisch, alternativ einfach Scanner herunterladen:

Scanner suchen

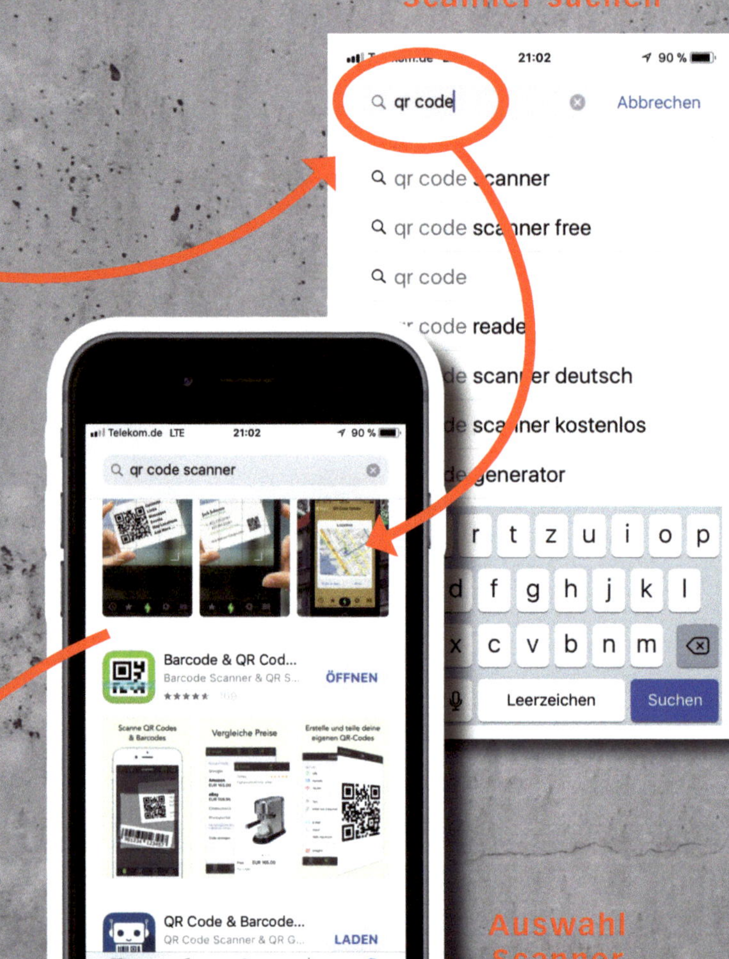

Googleplay/App Store aufrufen

Auswahl Scanner

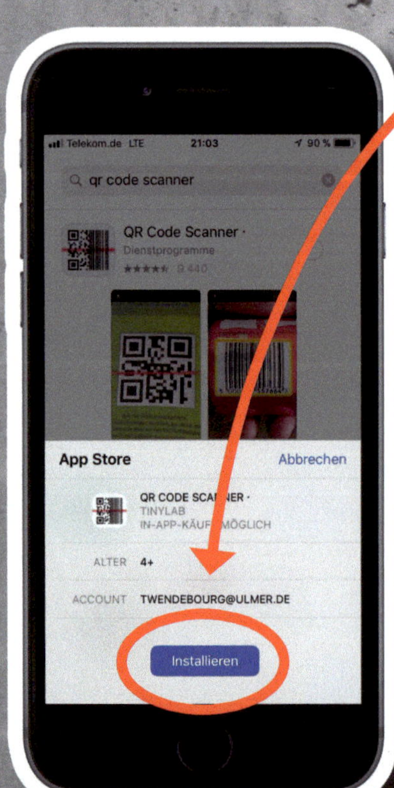

Scanner herunterladen

Kostenlose Scanner

iGBW nutzen – Begriffe anhören

Alle Tondateien am PC, Smartphone, ipad oder Laptop anhören: einfach den **Webcode dega3768** oben rechts in das Suchfeld auf www.dega-galabau.de eingeben und auf das Lupensymbol tippen.

Störende Codes abdecken

Code ansteuern

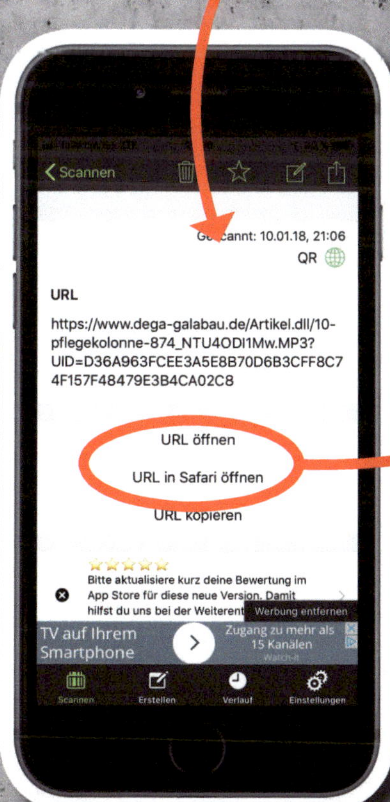

Tondatei öffnen

Tondatei abhören

Benutzung als Tutorial aufrufen

001 Das GaLaBau-Unternehmen

01

Geschäftsleitung

Büro

Baustelle

der Seniorchef
[Senior-scheff]
02

der Chef/die Chefin
[Scheff/Scheffin]
03

der Bauleiter/die Bauleiterin
[Bau-leita/rin]
04

die Sekretärin
[Sekretärin]
05

die Vorarbeiterin* auf dem Bau
[Vor-arbeitarin]
06

die Bau-Kolonne
[Bau-Kolonne]
07

der Azubi
[Azubi]
08

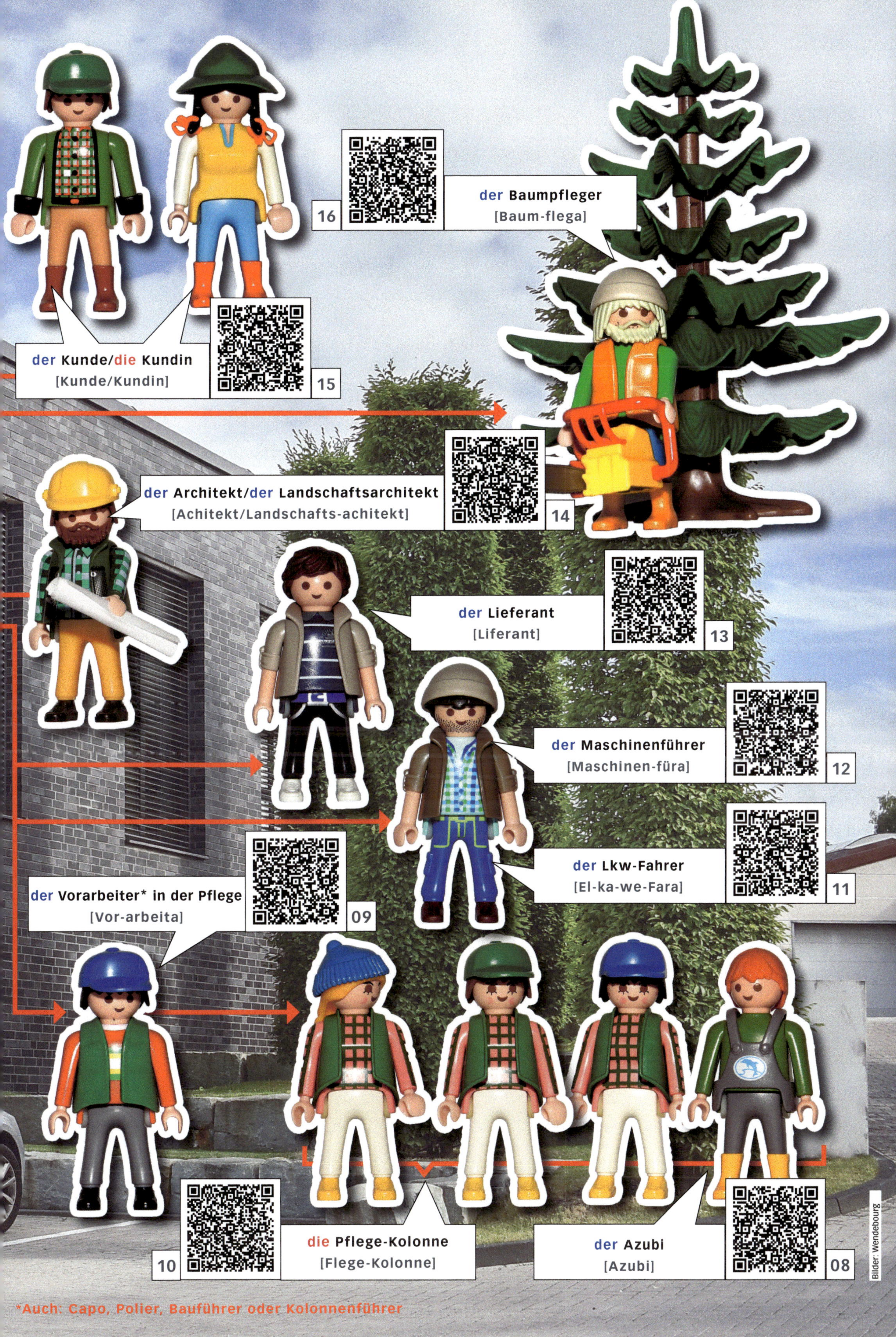

*Auch: Capo, Polier, Bauführer oder Kolonnenführer

002 Die Räume im Unternehmen

01

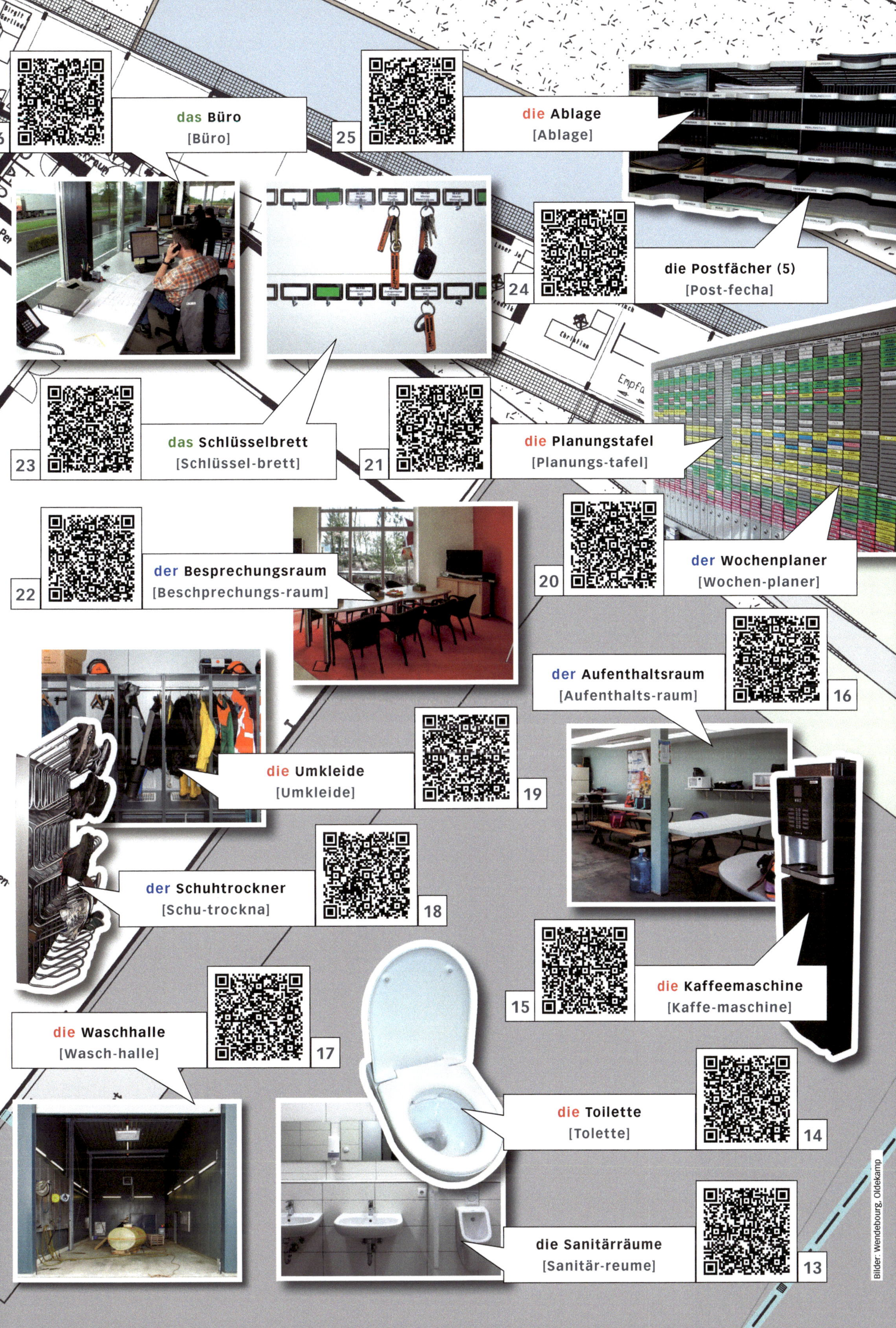

Bilder: Wendebourg, Oldekamp

Der Betriebshof

01

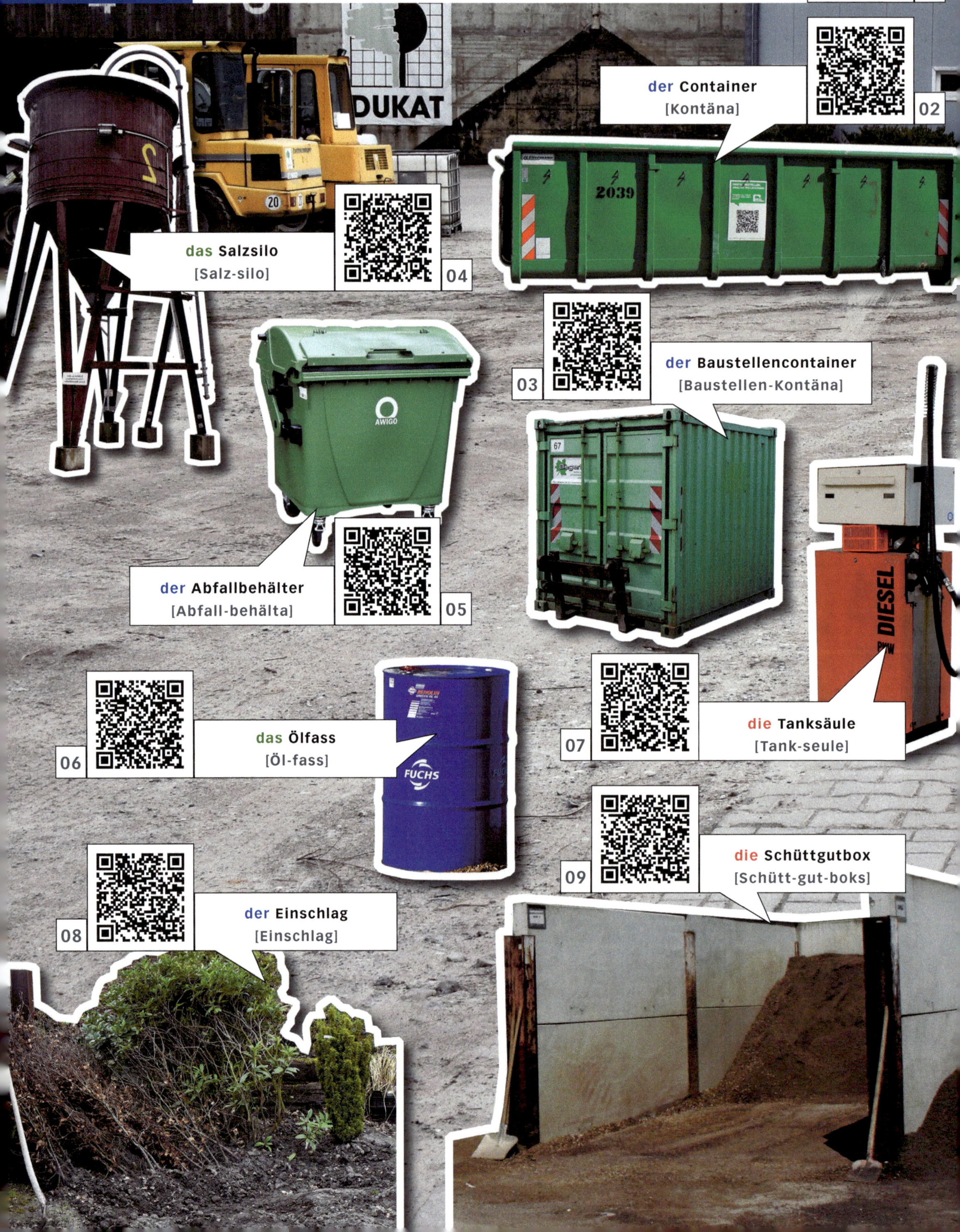

02 der Container [Kontäna]
03 der Baustellencontainer [Baustellen-Kontäna]
04 das Salzsilo [Salz-silo]
05 der Abfallbehälter [Abfall-behälta]
06 das Ölfass [Öl-fass]
07 die Tanksäule [Tank-seule]
08 der Einschlag [Einschlag]
09 die Schüttgutbox [Schütt-gut-boks]
DUKAT
2039
AWIGO
FUCHS
DIESEL

Bilder: Wendebourg (19), von Freyberg (1)

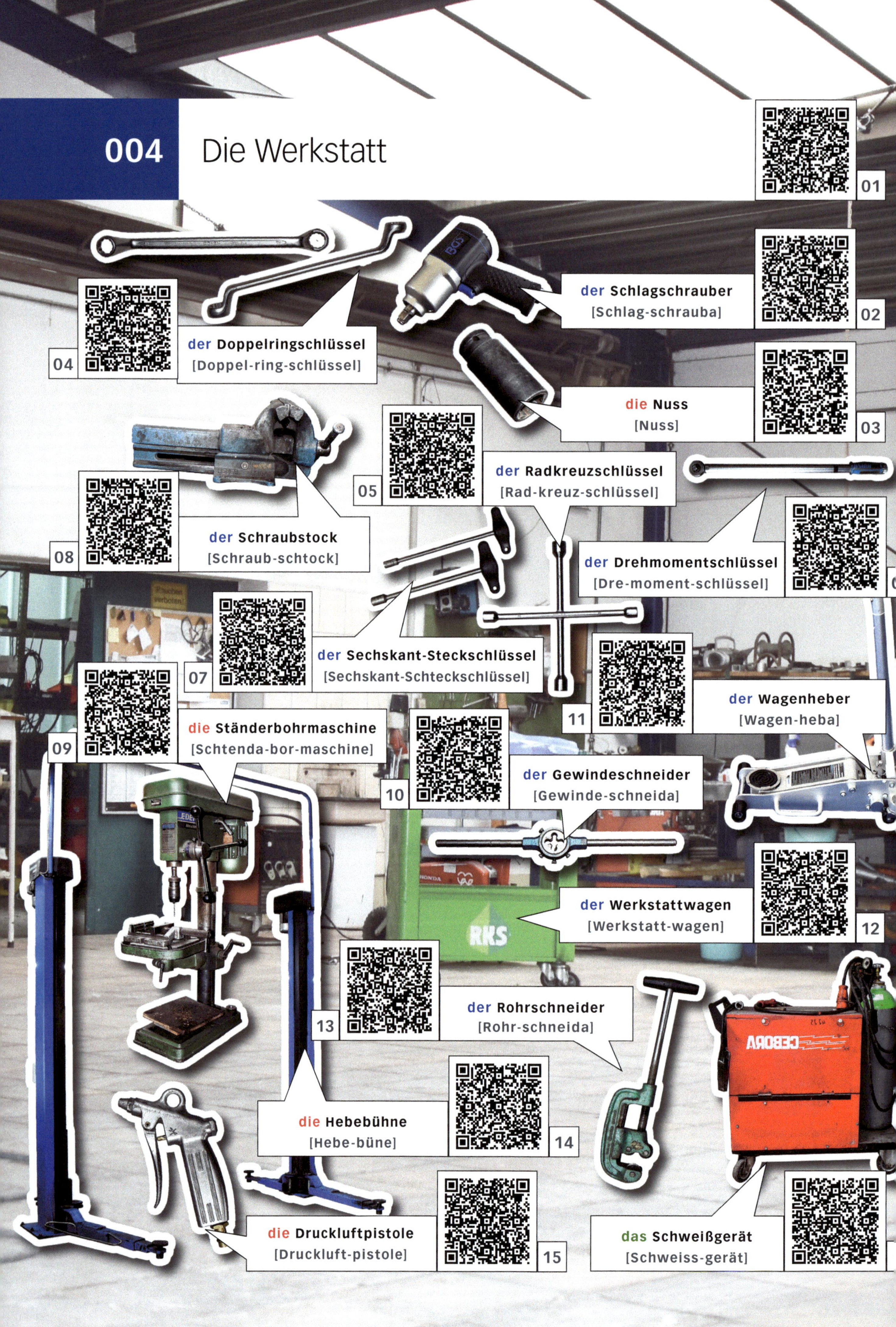
004 Die Werkstatt
01
der Schlagschrauber
[Schlag-schrauba]
02
die Nuss
[Nuss]
03
04
der Doppelringschlüssel
[Doppel-ring-schlüssel]
05
der Radkreuzschlüssel
[Rad-kreuz-schlüssel]
der Drehmomentschlüssel
[Dre-moment-schlüssel]
07
der Sechskant-Steckschlüssel
[Sechskant-Schteckschlüssel]
08
der Schraubstock
[Schraub-schtock]
09
die Ständerbohrmaschine
[Schtenda-bor-maschine]
10
der Gewindeschneider
[Gewinde-schneida]
11
der Wagenheber
[Wagen-heba]
der Werkstattwagen
[Werkstatt-wagen]
12
13
der Rohrschneider
[Rohr-schneida]
die Hebebühne
[Hebe-büne]
14
die Druckluftpistole
[Druckluft-pistole]
15
das Schweißgerät
[Schweiss-gerät]

30
der Körner
[Körna]
29
die Blindnietzange
[Blind-nit-zange]
28
der Universalabzieher
[Universal-abzia]
27
der Durchtreiber
[Durch-treiba]
26
die Sicherungsringzange
[Sicharungsring-zange]
25
die Werkstattlampe
[Werkstatt-lampe]
24
der Doppelmaulschlüssel
[Doppel-maul-schlüssel]
23
die Fettspritze
[Fett-schprize]
22
der Rostlöser
[Rost-lösa]
21
die Zündkerze
[Zünd-kerze]
20
das Kontaktspray
[Kontakt-schpräi]
19
die Ölfilterspinne
[Öl-filta-schpinne]
18
der Ölfilter/Luftfilter
[Öl-filta/Luft-filta]
17
die Ölkanne
[Öl-kanne]
WÜRTH
ROST OFF
KONTAKT SPRAY
113
MANN FILTER
Bilder: Wendebourg

005 Die Bekleidung

01

Bilder: Engelbert Strauss, Hultefors (09), Kübler (17), Wendebourg (11 bis 14, 21)

006 Die persönliche Schutzausrüstung (PSA)

01

02

die Sonnencreme
[Sonnen-krem]

03

der Forstschutzhelm
[Forst-schuz-helm]

04

der Kapsel-Gehörschutz
[Kapsel-Gehör-schuz]

05

die Forstarbeitsjacke
[Forst-abeits-jacke]

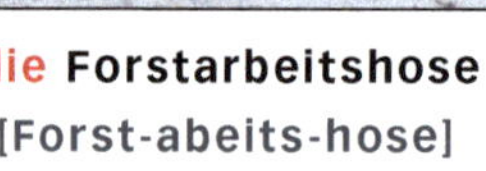

06

die Forstarbeitshose
[Forst-abeits-hose]

07

der Knieschoner
[Kni-schona]

09

die Handcremes (3)
[Hand-Krems]

08

die Kniepolster (2)
[Kni-polsta]

10

die Handschuhe (2)
[Hand-schue]

11

der Spritzschutz
[Schpritz-schuz]

12

der Sicherheitsschuh
[Sichaheits-schu]

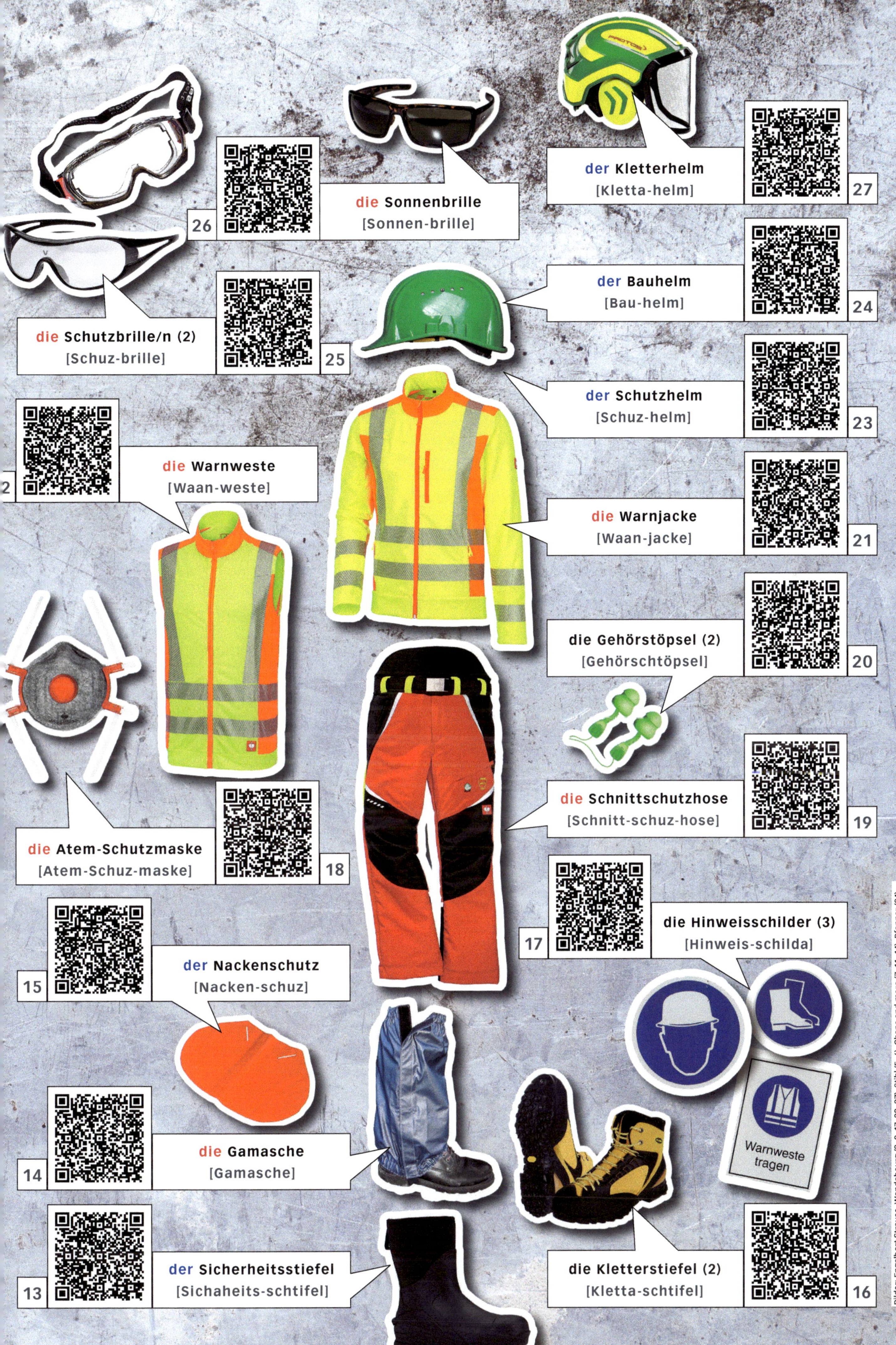

Bilder: Engelbert Strauss, Wendebourg (2, 9, 17, 23, 27), Stihl (5, 6), Chaps and more (7, 11, 14), Pfanner (24)

007 Erste Hilfe und Hygiene

01

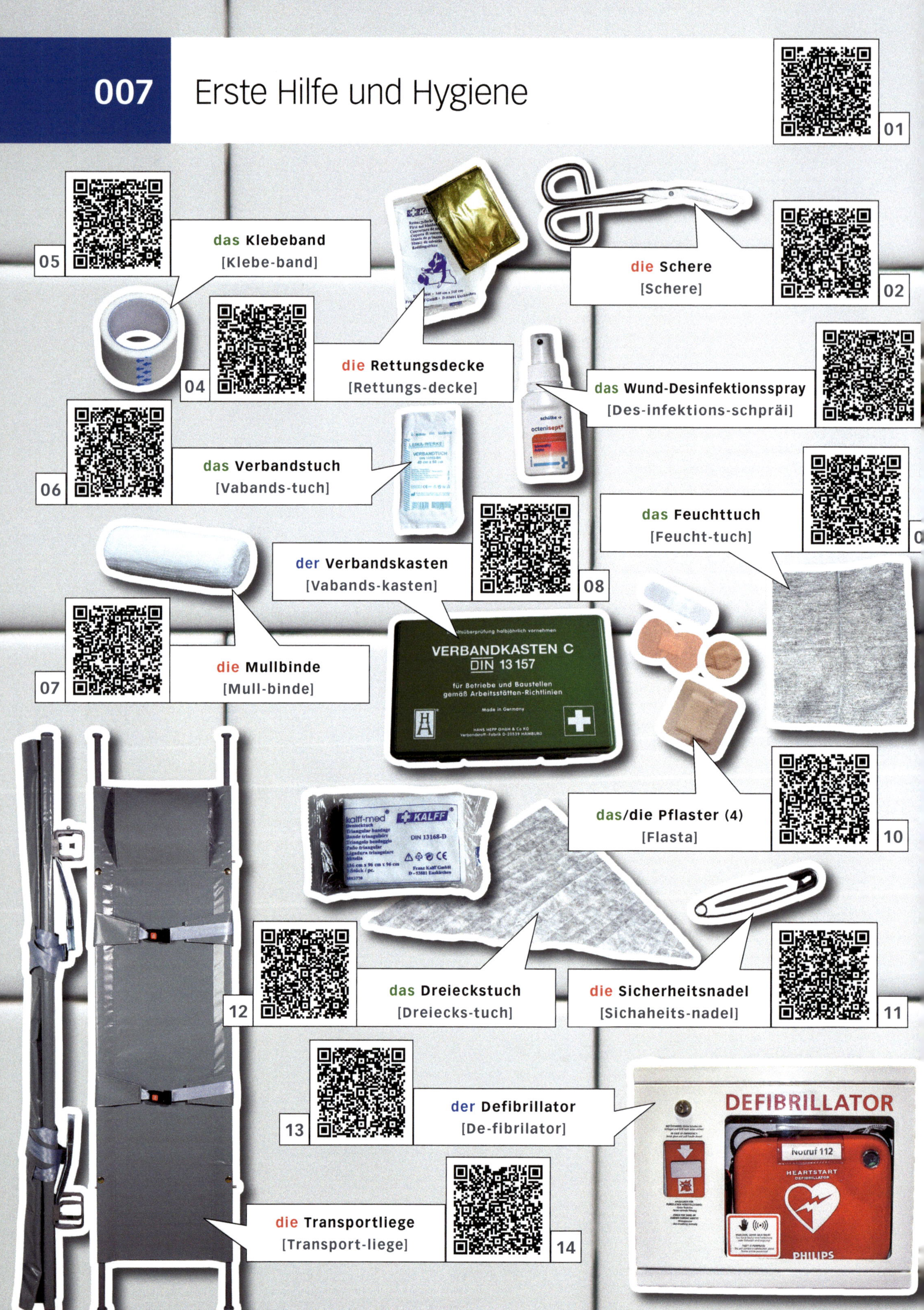

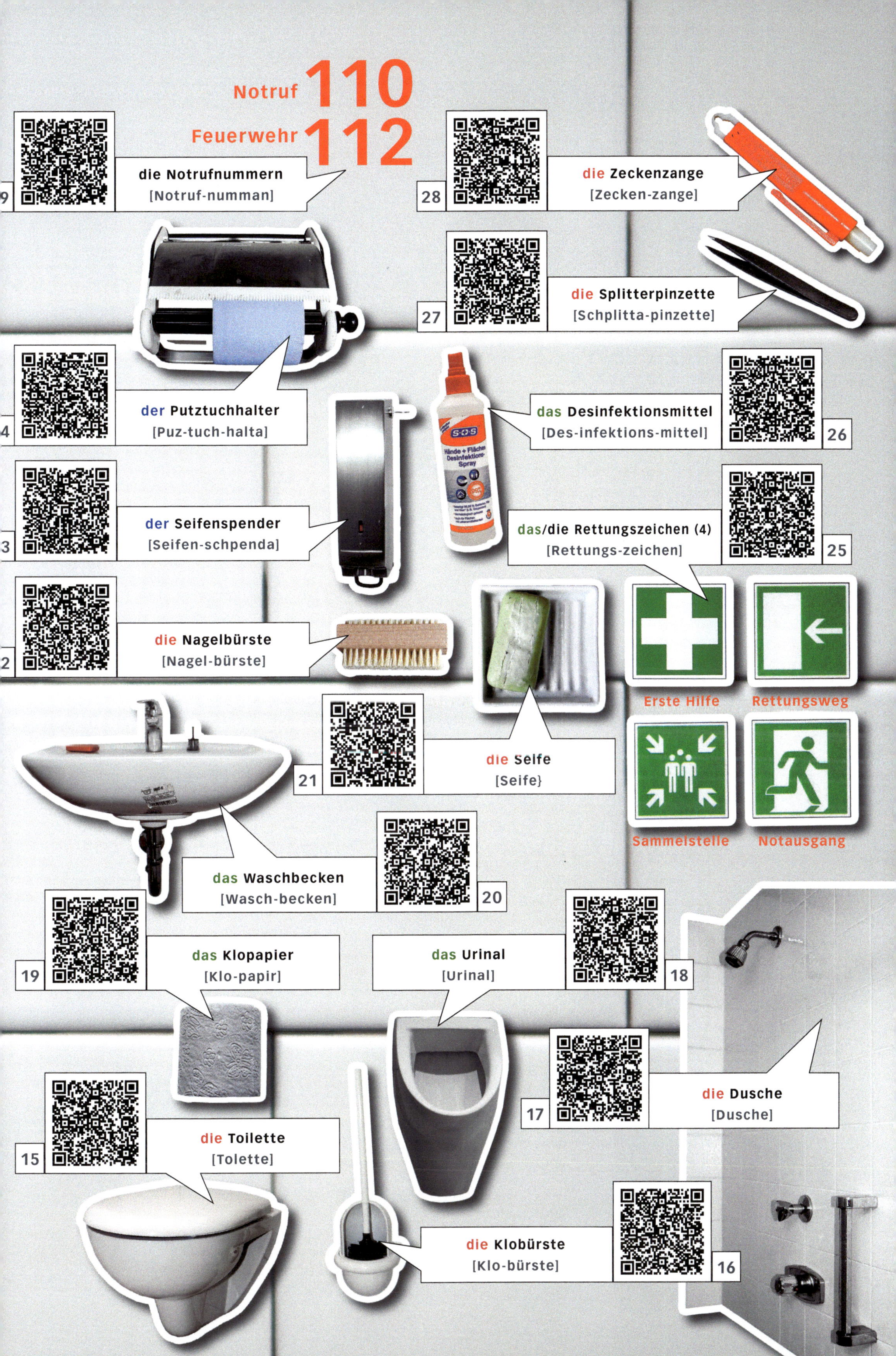
Notruf 110
Feuerwehr 112
9
die Notrufnummern
[Notruf-numman]
28
die Zeckenzange
[Zecken-zange]
27
die Splitterpinzette
[Schplitta-pinzette]
4
der Putztuchhalter
[Puz-tuch-halta]
das Desinfektionsmittel
[Des-infektions-mittel]
26
3
der Seifenspender
[Seifen-schpenda]
das/die Rettungszeichen (4)
[Rettungs-zeichen]
25
2
die Nagelbürste
[Nagel-bürste]
Erste Hilfe
Rettungsweg
21
die Seife
[Seife}
Sammelstelle
Notausgang
das Waschbecken
[Wasch-becken]
20
19
das Klopapier
[Klo-papir]
das Urinal
[Urinal]
18
17
die Dusche
[Dusche]
15
die Toilette
[Tolette]
die Klobürste
[Klo-bürste]
16

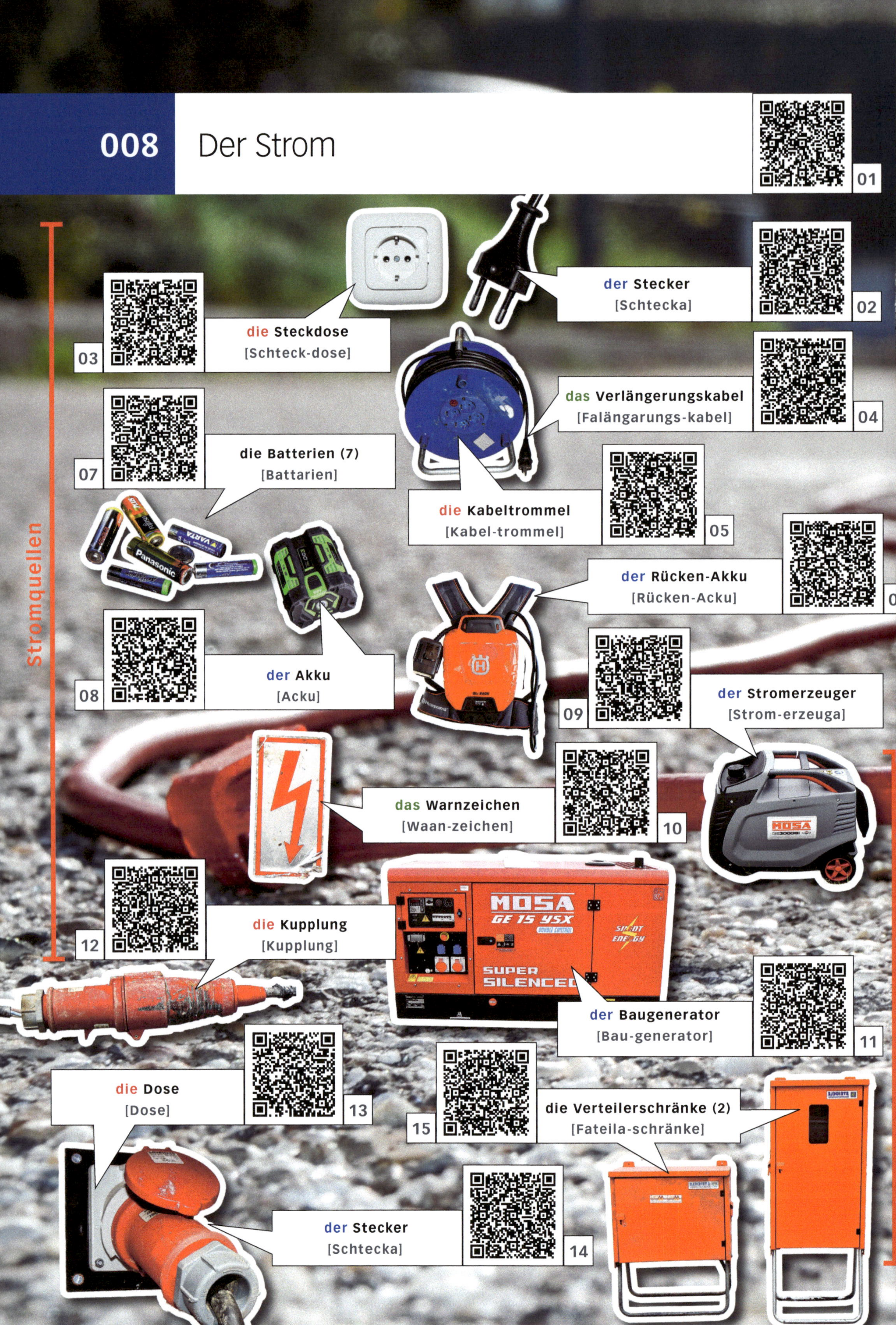
008
Der Strom
01
Stromquellen
der Stecker
[Schtecka]
02
die Steckdose
[Schteck-dose]
03
das Verlängerungskabel
[Falängarungs-kabel]
04
die Batterien (7)
[Battarien]
07
die Kabeltrommel
[Kabel-trommel]
05
der Rücken-Akku
[Rücken-Acku]
0
der Akku
[Acku]
08
09
der Stromerzeuger
[Strom-erzeuga]
das Warnzeichen
[Waan-zeichen]
10
die Kupplung
[Kupplung]
12
MOSA
GE 15 YSX
SUPER SILENCED
der Baugenerator
[Bau-generator]
11
die Dose
[Dose]
13
15
die Verteilerschränke (2)
[Fateila-schränke]
der Stecker
[Schtecka]
14

die Sicherung
[Sicharung]
26
27
der/die Spannungsprüfer (2)
[Schpannungs-prüfa]
die Trennschalter (3)
[Trenn-schalta]
25
Montage
die Kabelschellen (4)
[Kabel-schellen]
24
das Leerrohr
[Ler-ror]
23
die Lüsterklemme/n (12)
[Lüsta-klemmen]
22
21
das Isolierband
[Isolir-band]
das Starkstromkabel
[Schtak-schtrom-kabel]
20
das Warnband
[Waan-band]
17
die Kabeltrommeln (2)
[Kabel-trommeln]
19
18
das Trassenwarnband
[Trassen-waan-band]
ACHTUNG STARKSTROMKABE
16
der Kabelbinder
[Kabel-binda]
ACHTUNG STARKSTROMKABEL
ÜZW NETZ AG TEL. 0180/7766544
Bilder: Wendebourg

009 Das Wasser

26
der Regen
[Regen]
23
das Eis
[Eis]
der Raureif
[Rau-reif]
22
25
die Erosionsrinne
[Erosions-rinne]
die Pfütze
[Füze]
24
21
der Schnee
[Schnee]
20
der Wassertank
[Wassa-tank]
der Wasserkran
[Wassa-kran]
19
die Wasserflasche
[Wassa-flasche]
17
18
der Wasserhahn
[Wassa-han]
die Wasserkanne
[Wassa-kanne]
15
16
der Hydrant
[Hüdrant]
Bilder: Wendebourg

010 Die Handwerkzeuge

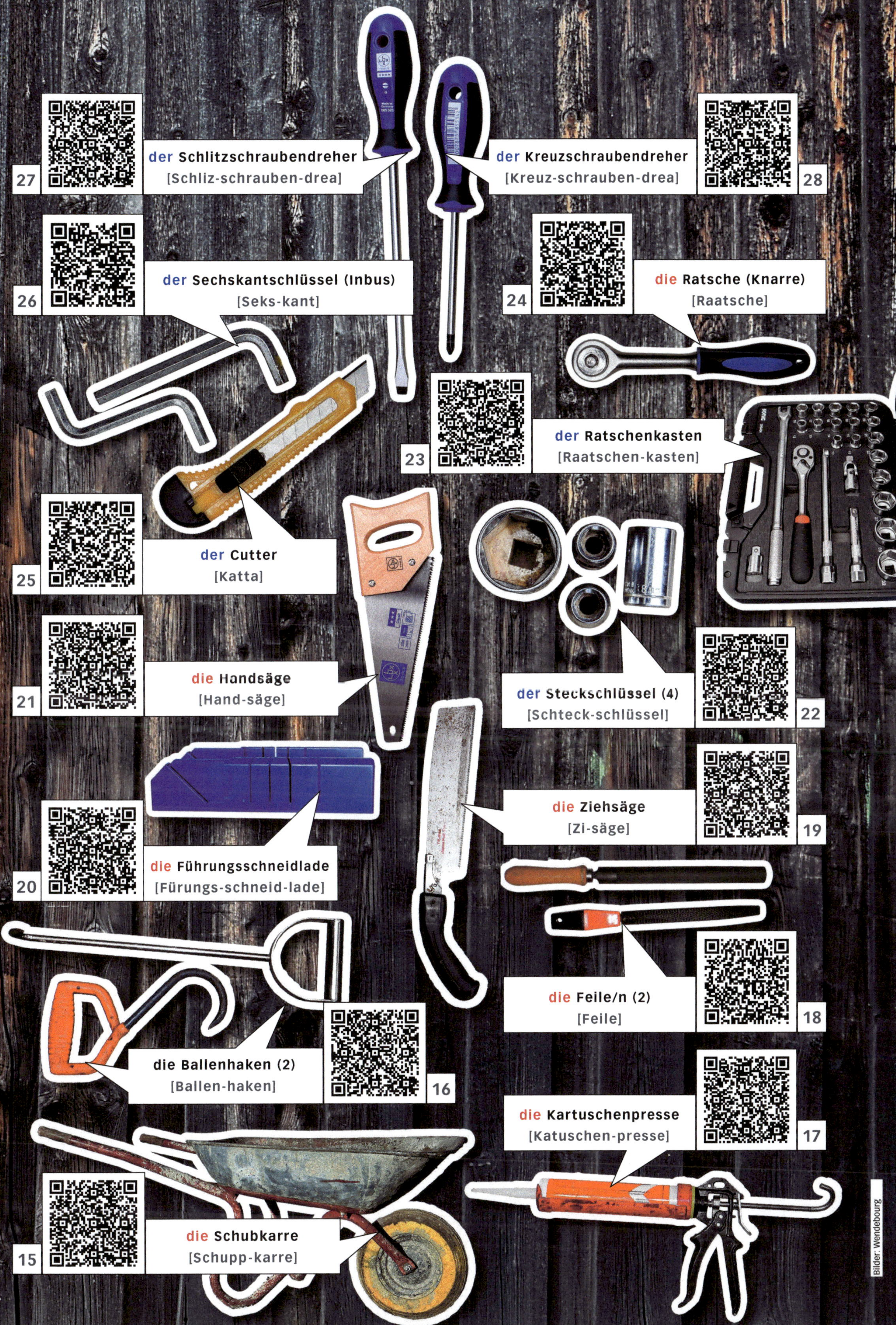
27
der Schlitzschraubendreher
[Schliz-schrauben-drea]
der Kreuzschraubendreher
[Kreuz-schrauben-drea]
28
26
der Sechskantschlüssel (Inbus)
[Seks-kant]
24
die Ratsche (Knarre)
[Raatsche]
23
der Ratschenkasten
[Raatschen-kasten]
25
der Cutter
[Katta]
21
die Handsäge
[Hand-säge]
der Steckschlüssel (4)
[Schteck-schlüssel]
22
die Ziehsäge
[Zi-säge]
19
20
die Führungsschneidlade
[Fürungs-schneid-lade]
die Feile/n (2)
[Feile]
18
die Ballenhaken (2)
[Ballen-haken]
16
die Kartuschenpresse
[Katuschen-presse]
17
15
die Schubkarre
[Schupp-karre]
Bilder: Wendebourg

011 Handwerkzeug anwenden

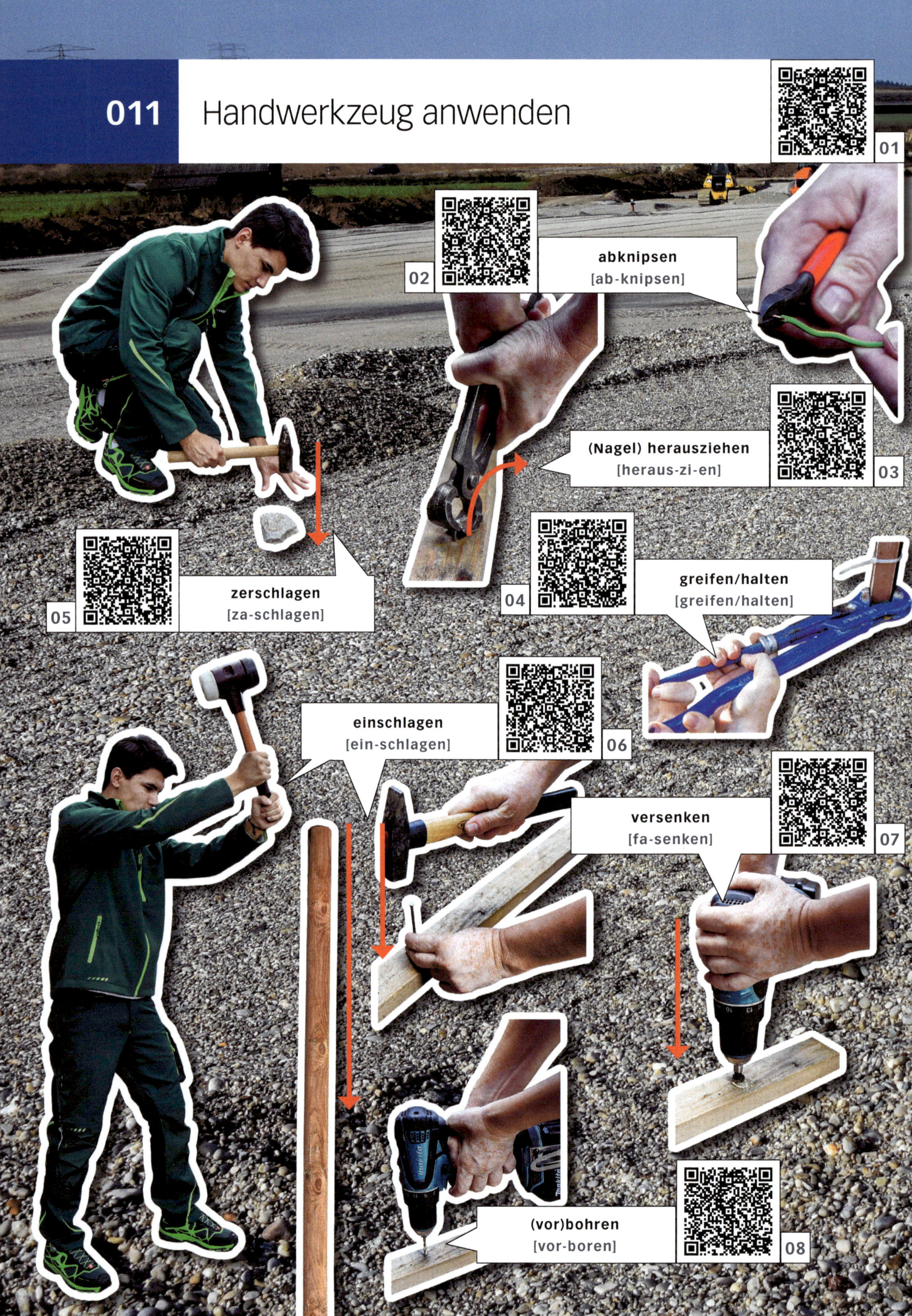

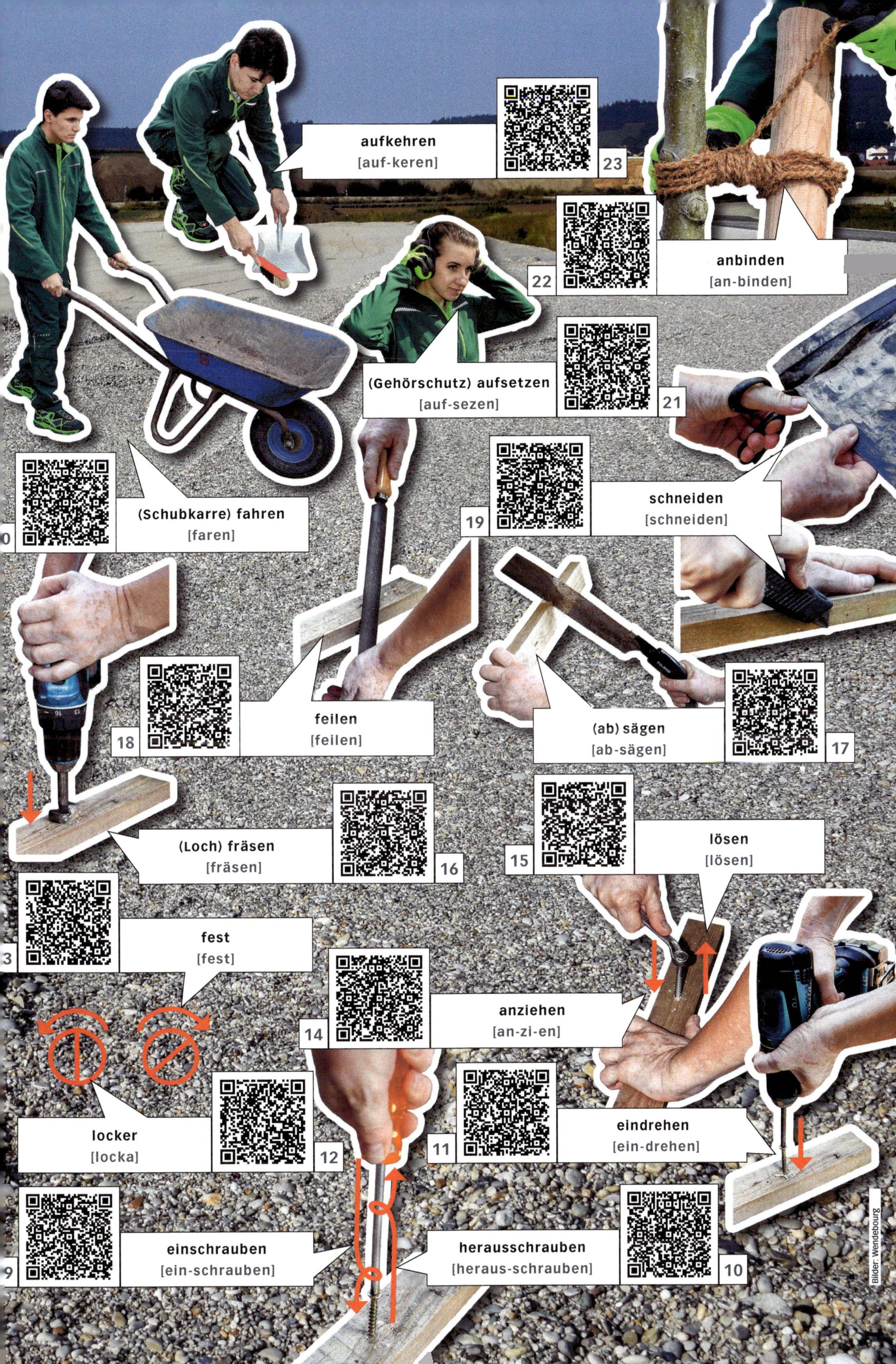
aufkehren
[auf-keren]
23
anbinden
[an-binden]
22
(Gehörschutz) aufsetzen
[auf-sezen]
21
(Schubkarre) fahren
[faren]
0
schneiden
[schneiden]
19
feilen
[feilen]
18
(ab) sägen
[ab-sägen]
17
(Loch) fräsen
[fräsen]
16
lösen
[lösen]
15
fest
[fest]
3
anziehen
[an-zi-en]
14
locker
[locka]
12
11
eindrehen
[ein-drehen]
einschrauben
[ein-schrauben]
9
herausschrauben
[heraus-schrauben]
10
Bilder: Wendebourg

012 Befestigen

01

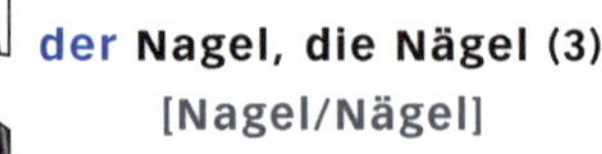

der Nagel, die Nägel (3)
[Nagel/Nägel] 02

die Stahlnägel (2)
[Schtaal-nägel] 33

die Drahtstifte
[Draat-schtifte] 03

die Stahlstifte (6)
[Schtaal-schtifte] 04

die Teerpappenstifte (3)
[Tea-pappen-schtifte] 05

06 **die Blauköpfe (5)**
[Blau-köpfe]

die Drahtkrampen (2)
[Draat-krampen] 07

08 **die Sechskantschrauben (2)**
[Seckskant-schrauben]

die Schlossschrauben (2)
[Schloss-schrauben] 09

die Zylinderschraube
[Zilinda-schraube] 10

11 **die Unterlegscheiben (4)**
[Untaleg-scheiben]

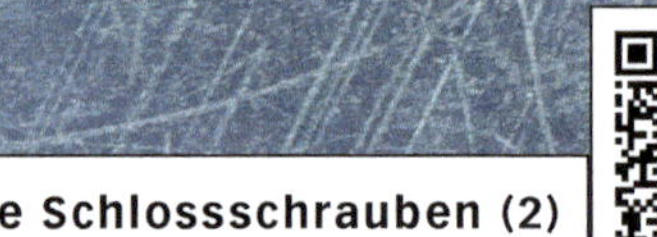

12 **die Hutmuttern (2)**
[Hut-muttan]

15 **die Gewindestangen (7)**
[Gewinde-schtangen]

13 **die Sechskantmuttern (2)**
[Seckskant-muttan]

die Sicherungsmuttern (3)
[Sicharungs-muttan] 14

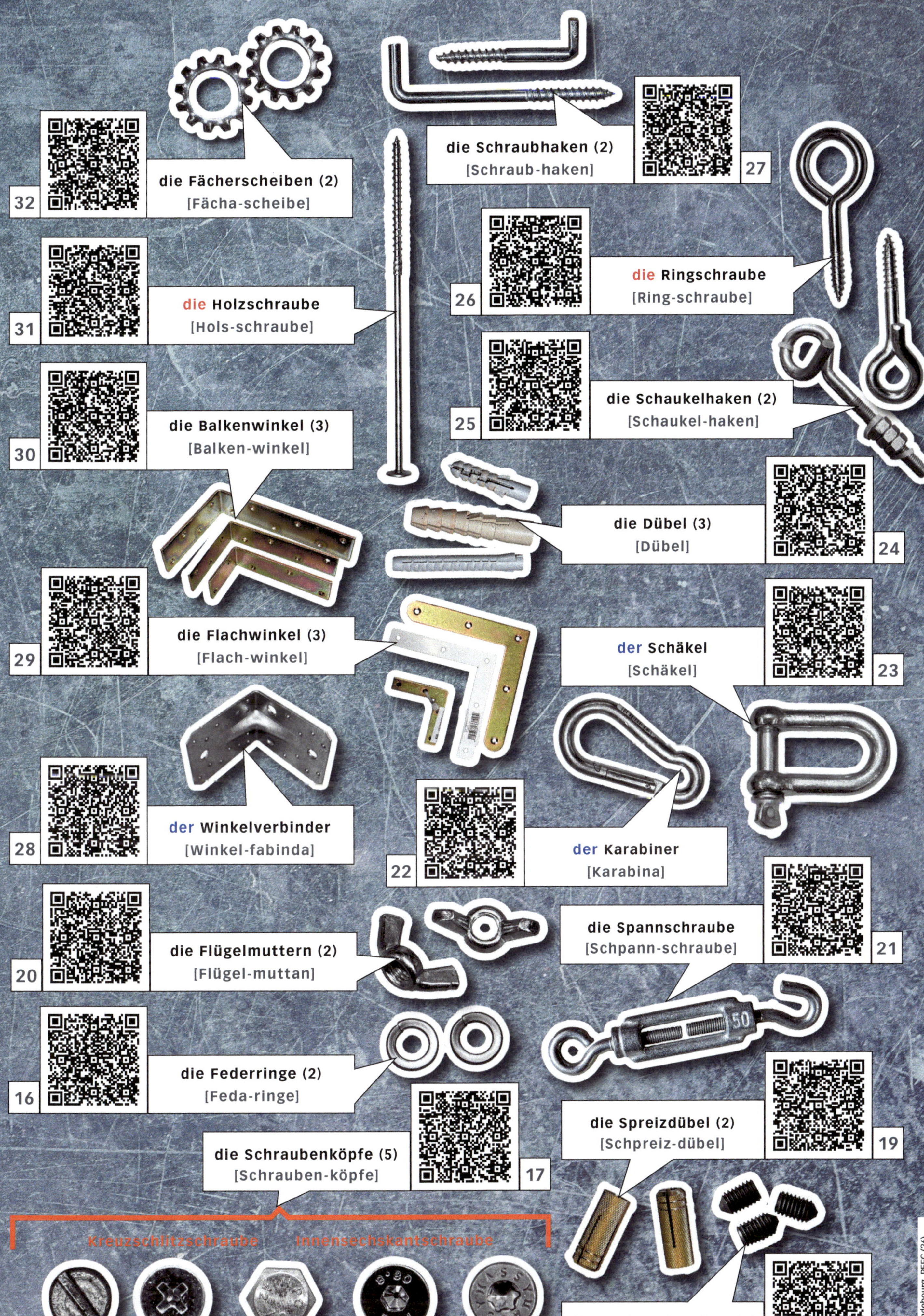

Bilder: Wendebourg, PEFC (26)

013 Die Stielwerkzeuge

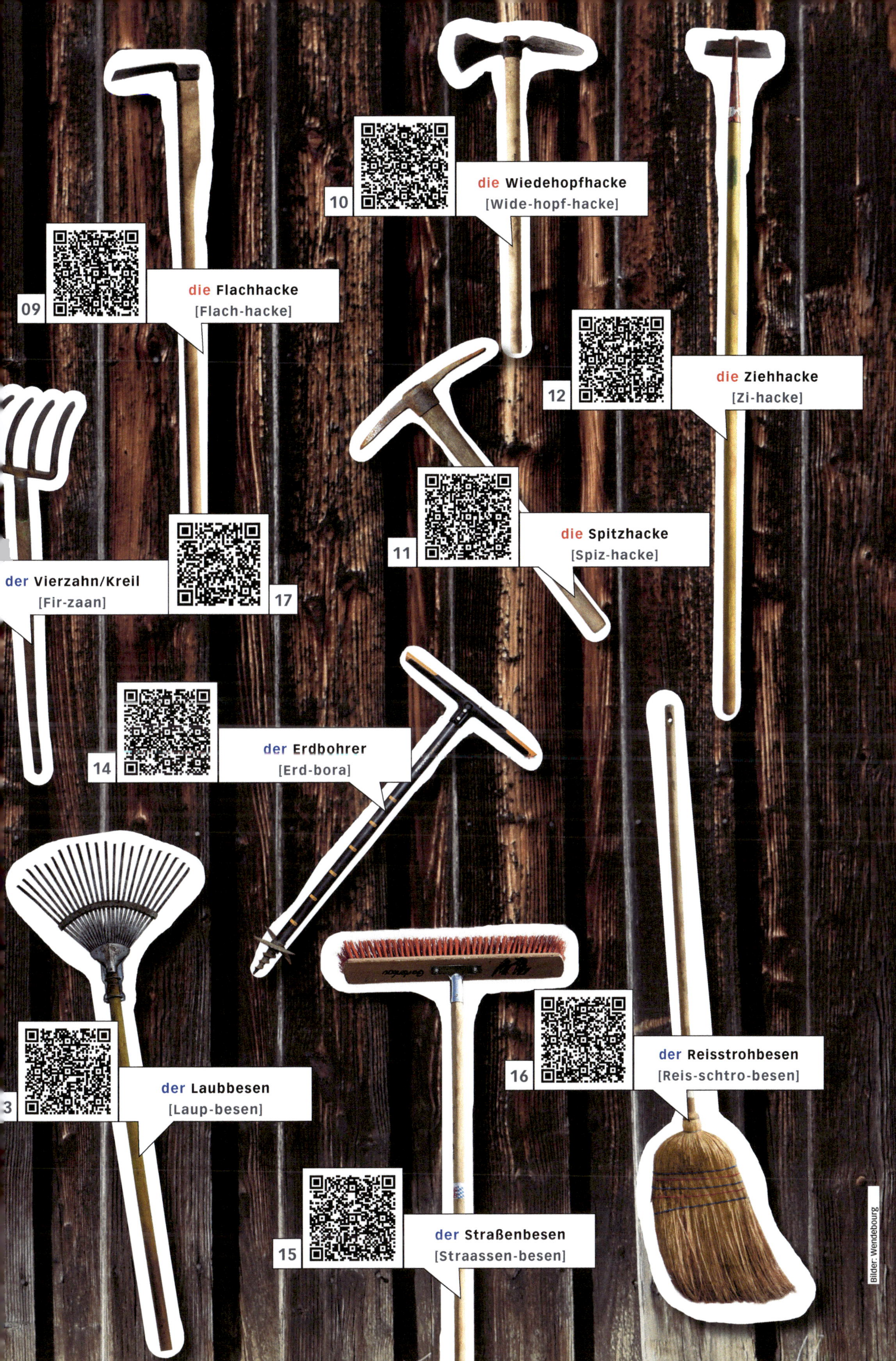
10
die Wiedehopfhacke
[Wide-hopf-hacke]
09
die Flachhacke
[Flach-hacke]
12
die Ziehhacke
[Zi-hacke]
11
die Spitzhacke
[Spiz-hacke]
der Vierzahn/Kreil
[Fir-zaan]
17
14
der Erdbohrer
[Erd-bora]
16
der Reisstrohbesen
[Reis-schtro-besen]
3
der Laubbesen
[Laup-besen]
15
der Straßenbesen
[Straassen-besen]
Bilder: Wendebourg

014 Die Handgeräte

01

03 der Winkelschleifer
[Winkel-schleifa]

02 der Akku-Winkelschleifer
[Acku-Winkel-schleifa]

04 die Trennscheiben (2)
[Trenn-scheiben]

05 der Trennschleifer
[Trenn-schleifa]

06 der Erdbohrer
[Erd-bora]

09 der Motorhammer
[Motor-hamma]

07 die Hydraulik-Kraftstation
[Hüdraulik-Kraft-schtazion]

08 der Hydraulikhammer
[Hüdraulik-hamma]

10 der Druckluftspaten
[Druck-luft-schpaten]

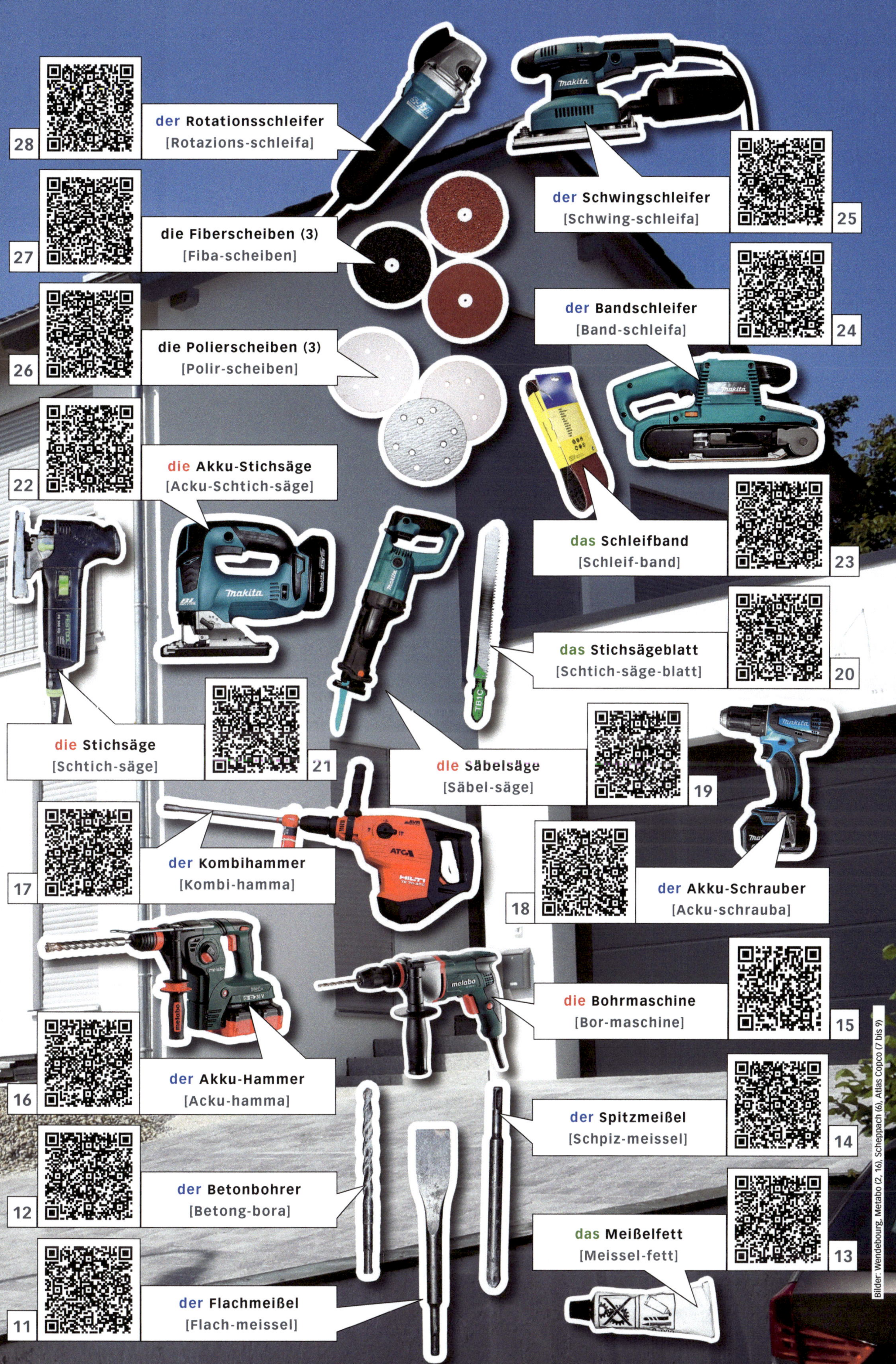

Bilder: Wendebourg, Metabo (2, 16), Scheppach (6), Atlas Copco (7 bis 9)

015 Die Baumaschinen

01

der **Raupenbagger**
[Raupen-bagga]

02

03

der **Mobilbagger**
[Mobil-bagga]

der **Schreitbagger**
[Schreit-bagga]

der **Minibagger**
[Mini-bagga]

der **Friedhofsbagger**
[Fridhofs-bagga]

07

der **Kompaktbagger**
[Kompakt-bagga]

08

der **Raddumper**
[Rad-dampa]

09

der **Kompressor**
[Kompressor]

der **Minidumper**
[Mini-dampa]

Bilder: Wendebourg, Volvo (2), Bergmann (11, 12), Komatsu (18), Zeitner (23)

016 Die Anbaugeräte

01

die Gummiraupen
[Gummi-raupen] 02

das Planierschild
[Planir-schild] 03

der Hydraulikschlauch
[Hüdraulik-schlauch] 04

der Tiltrotator
[Tilt-rotator] 05

der Tieflöffel
[Tif-löffel] 06

der Grabenräumlöffel
[Graben-reum-löffel] 07

der Schwenkadapter
[Schwenk-adapta] 08

09 der Sortiergreifer
[Sortir-greifa]

die Siebschaufel
[Sib-schaufel] 10

der Drehadapter
[Dre-adapta] 11

12 der Mehrzweckgreifer
[Merzweck-greifa]

13 der Hydraulikhammer
[Hüdraulik-hamma]

14 der Erdbohrer
[Erd-bora]

die Anbaufräse
[Anbau-fräse] 15

der Kehrbesen
[Ker-besen]
29
die Schneefräse
[Schnee-fräse]
27
der Betonmischer
[Betong-mischa]
28
die Hebebühne
[Hebe-Büne]
26
der Planierhobel
[Planir-hobel]
23
25
die Kehrmaschine
[Ker-maschine]
(Dumper) fahren
[faren]
24
die Verdichterplatten
[Fadichta-platten]
22
MIETPARK-SCHÄFER
die Mischschaufel
[Misch-schaufel]
20
21
die Schwenkschaufel
[Schwenk-schaufel]
die Palettengabel
[Paletten-gabel]
19
der Schaufelseparator
[Schaufel-separator]
18
die Bohranlage
[Bor-anlage]
16
17
die Klappschaufel
[Klapp-schaufel]

017 Die Pflegegeräte

Rasenpflege

02 **der** Großflächenmäher mit Mähdeck
[Gross-flächen-mäa]

03 **der** Aufsitzmäher
[Aufsiz-mäa]

04 **der** Geräteträger mit Mähdeck
[Geräte-träga mit Mädeck]

05 **der** Stehmäher
[Ste-mäa]

06 **der** Rasentraktor
[Rasen-Traktor]

07 **der** Automower
[Auto-moa]

08 **der** Rasenmäher
[Rasen-mäa]

09 **das** Sichelmesser
[Sichel-messa]

10 **der** Vertikutierer
[Wertikutira]

23
der Geräteträger mit Wildkrautbürste
[Geräte-träga]
der Laubsauger
[Laup-sauga]
22
21
die Kehrmaschine
[Ker-maschine]
Flächenpflege
20
der Hochdruckreiniger
[Hochdruck-reiniga]
18
die Wildkrautbürste
[Wildkraut-bürste]
das Abflammgerät
[Abflamm-gerät]
19
die Universalmaschine
[Universal-maschine]
17
16
der Böschungsmäher
[Böschungs-mäa]
der Freischneider
[Frei-schneida]
15
14
der Rücken-Akku
[Rücken-Acku]
der Balkenmäher
[Balken-mäa]
13
Grünpflege
der Anbauschlegelmulcher
[Anbau-schlegel-mulcha]
11
12
der Hochgrasmäher
[Hoch-gras-mäa]

018 Die Fahrzeuge

01

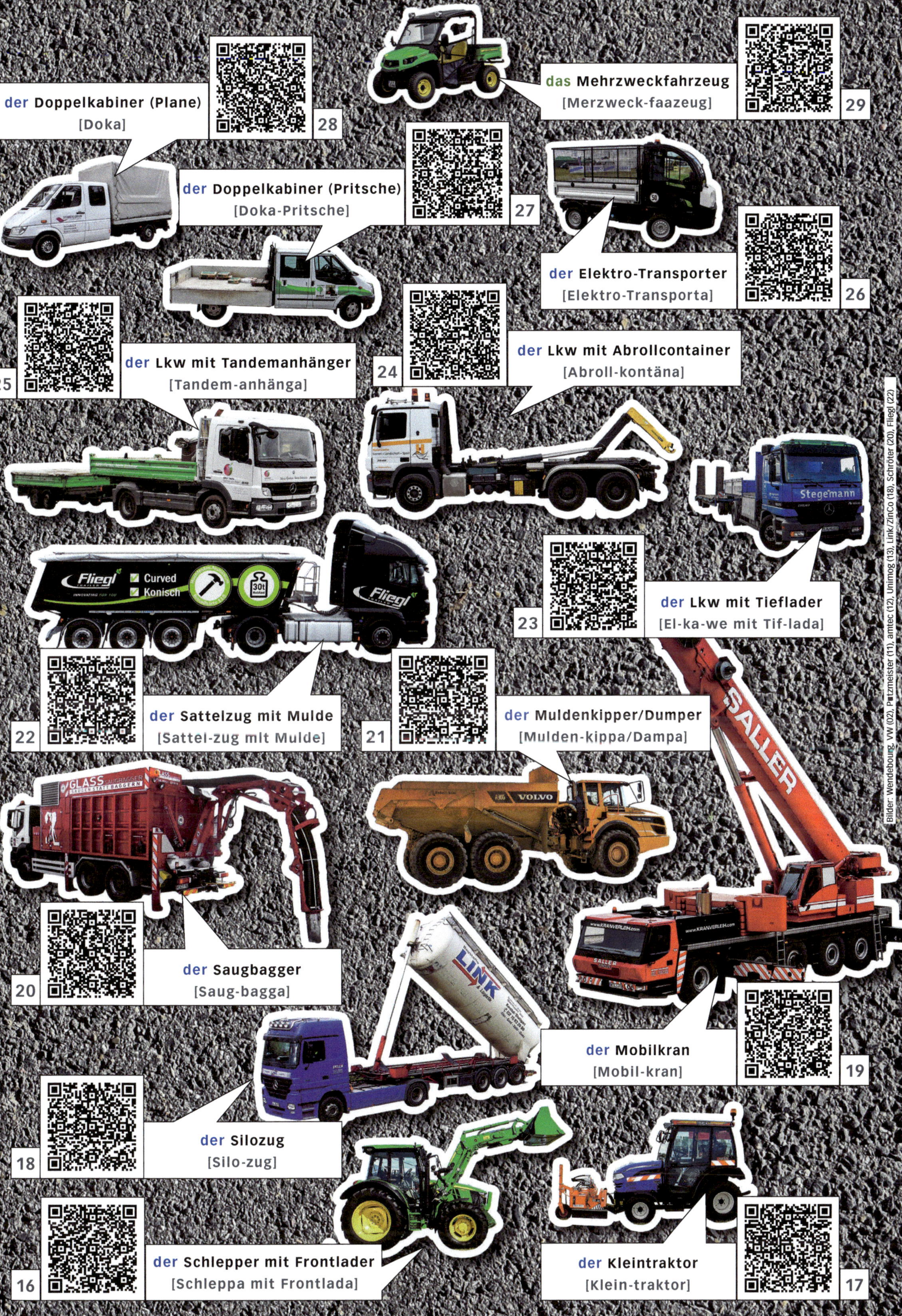

Bilder: Wendebourg, VW (02), Putzmeister (11), amtec (12), Unimog (13), Link/ZinCo (18), Schröter (20), Fliegl (22)

019 Die Fahrzeuge

05 **der Fahrzeugschlüssel** [Fazeug-schlüssel]

02 **der Außenspiegel** [Aussen-schpigel]

06 **der Bordwandverschluss** [Bord-wand-faschluss]

03 **die Blinker (3)** [Blinka]

der Ladekran [Lade-kran] 07

der Scheinwerfer [Schein-werfa] 04

08 **die Seitenscheiben (2)** [Seiten-scheiben]

09 **die Ladefläche (die Pritsche)** [Lade-fläche]

das Rad/die Räder [Rad/Räda]

10 **die Türen (2)** [Türen]

11 **die Bordwand** [Bord-wand]

der Reifen [Reifen]

die Anhängerkupplung [Anhänga-kupplung] 12

der Türgriff [Tür-griff] 13

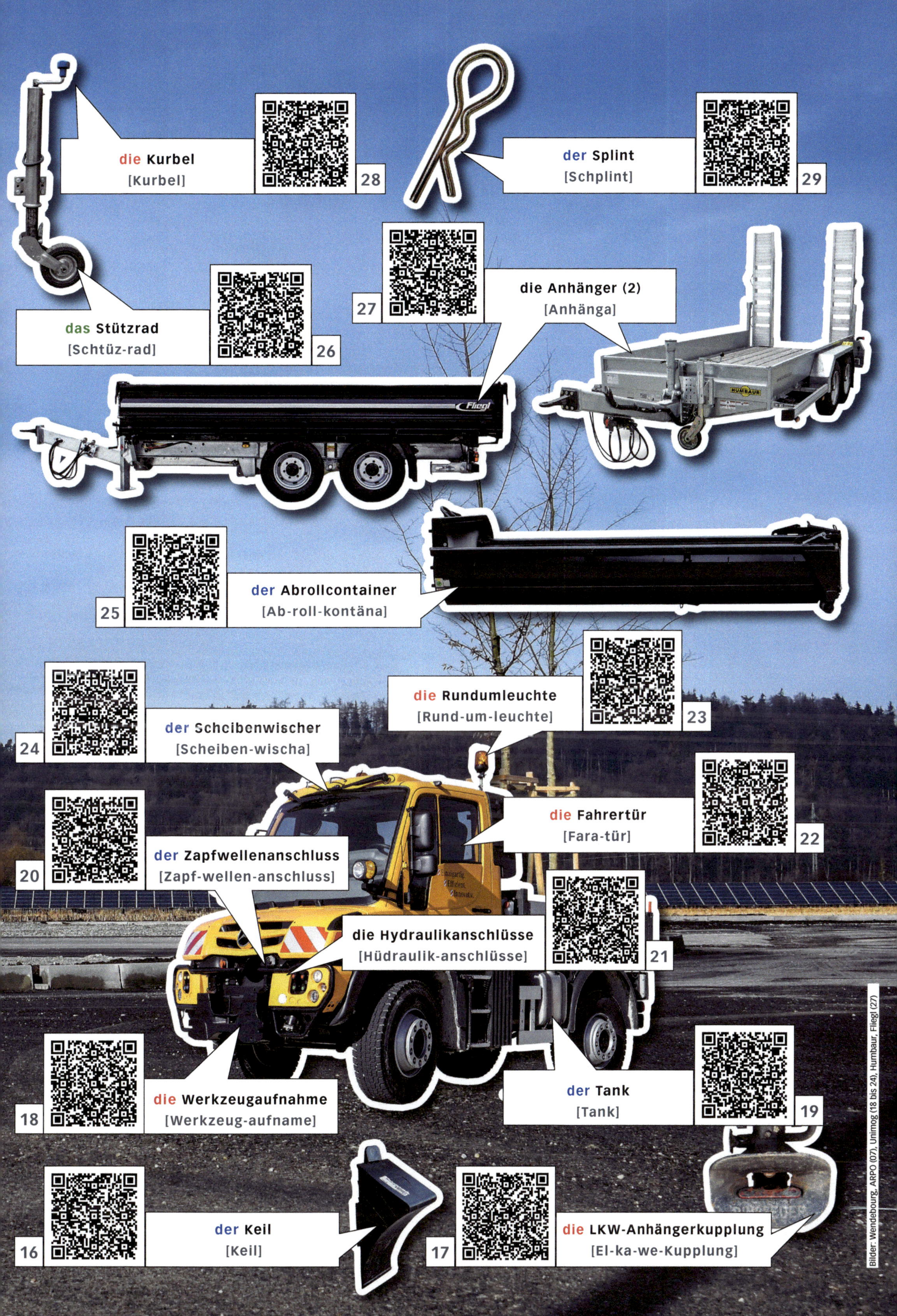

Bilder: Wendebourg, ARPO (07), Unimog (18 bis 24), Humbaur, Fliegl (27)

020 Die Ladungssicherung

01

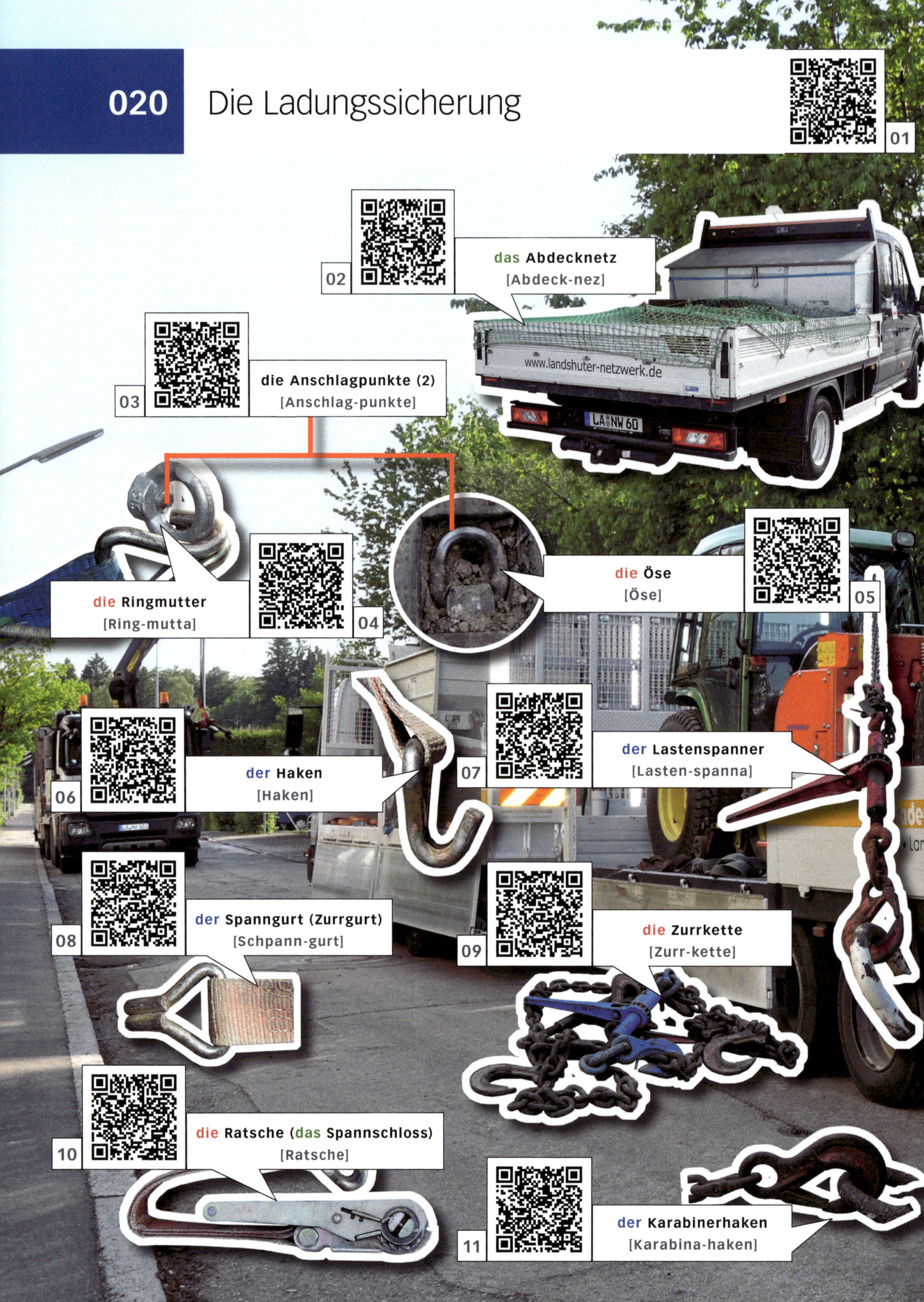

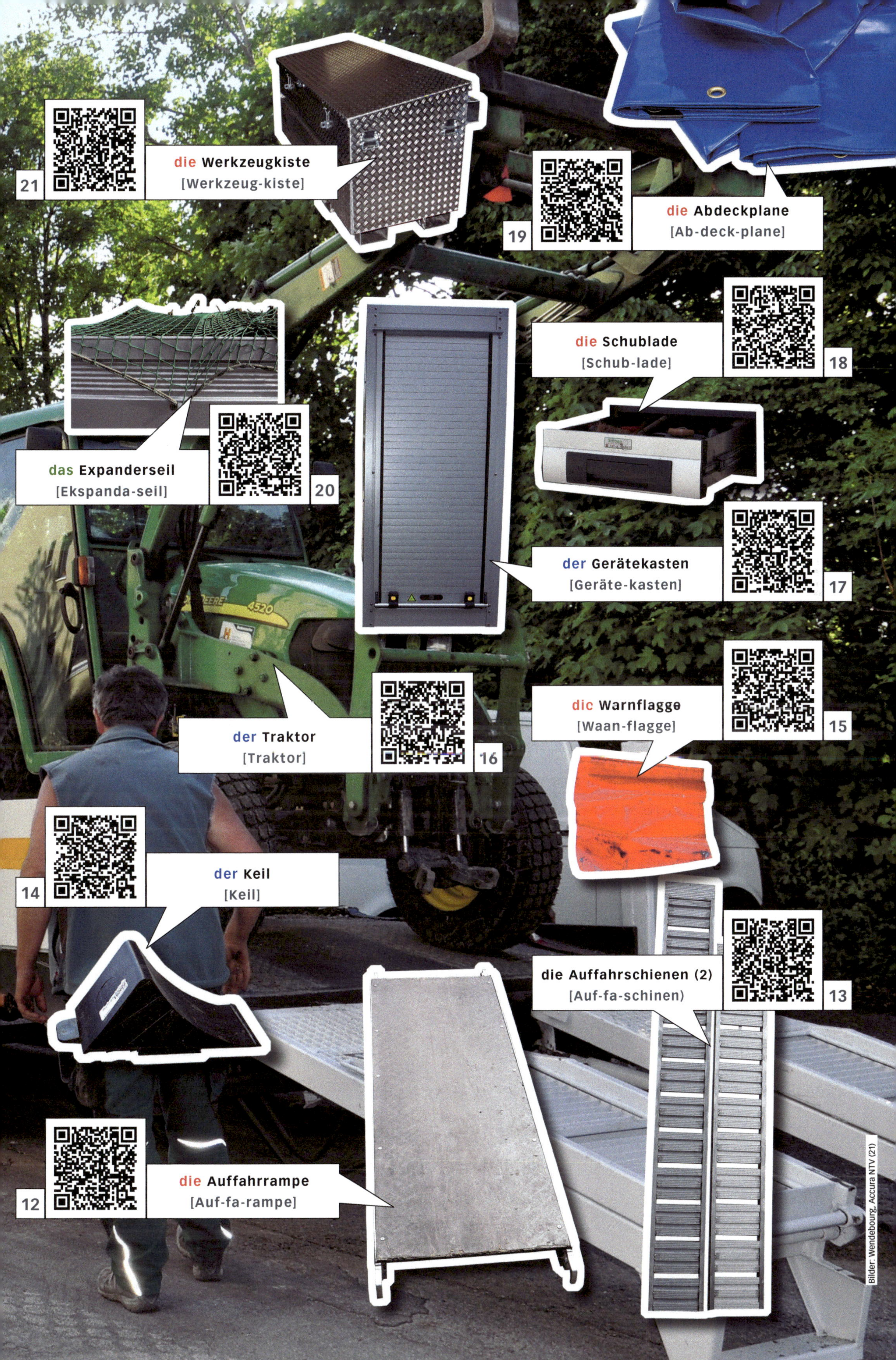
21
die Werkzeugkiste
[Werkzeug-kiste]
19
die Abdeckplane
[Ab-deck-plane]
18
die Schublade
[Schub-lade]
das Expanderseil
[Ekspanda-seil]
20
der Gerätekasten
[Geräte-kasten]
17
dic Warnflagge
[Waan-flagge]
15
der Traktor
[Traktor]
16
14
der Keil
[Keil]
die Auffahrschienen (2)
[Auf-fa-schinen)
13
12
die Auffahrrampe
[Auf-fa-rampe]
Bilder: Wendebourg, Accura NTV (21)

021
Die Tankstelle
01
05
die Betriebstankstelle
[Betribs-tank-schtelle]
04
der Kraftstoffkanister
[Kraft-schtoff-kanista]
02
das Auslaufrohr
[Aus-lauf-rohr]
der Reservekanister
[Reserve-kanista]
03
06
die Dieseltankstelle
[Disel-tank-schtelle]
die mobile Tankanlage
[mobile Tank-anlage]
07
08
der Tankstutzen
[Tank-schtuzen]
die Zapfpistole
[Zapf-pistole]
09
das Luftdruck Messgerät
[Luft-druck-Mess-gerät]
10
15
die Papiertücher
[Papir-tücha]
11
das Scheibenreinigungsset
[Scheiben-reinigungs-set]
14
der Einweghandschuh
[Einweg-hand-schue]
12
die Kühlwasserkanne
[Kühl-wassa-kanne]
13
der Abfallbehälter
[Abfall-behälta]
DIESEL
PKW
PAPIER-
TÜCHER
TANKHAND-
SCHUHE
ABFALL
UNIMAX

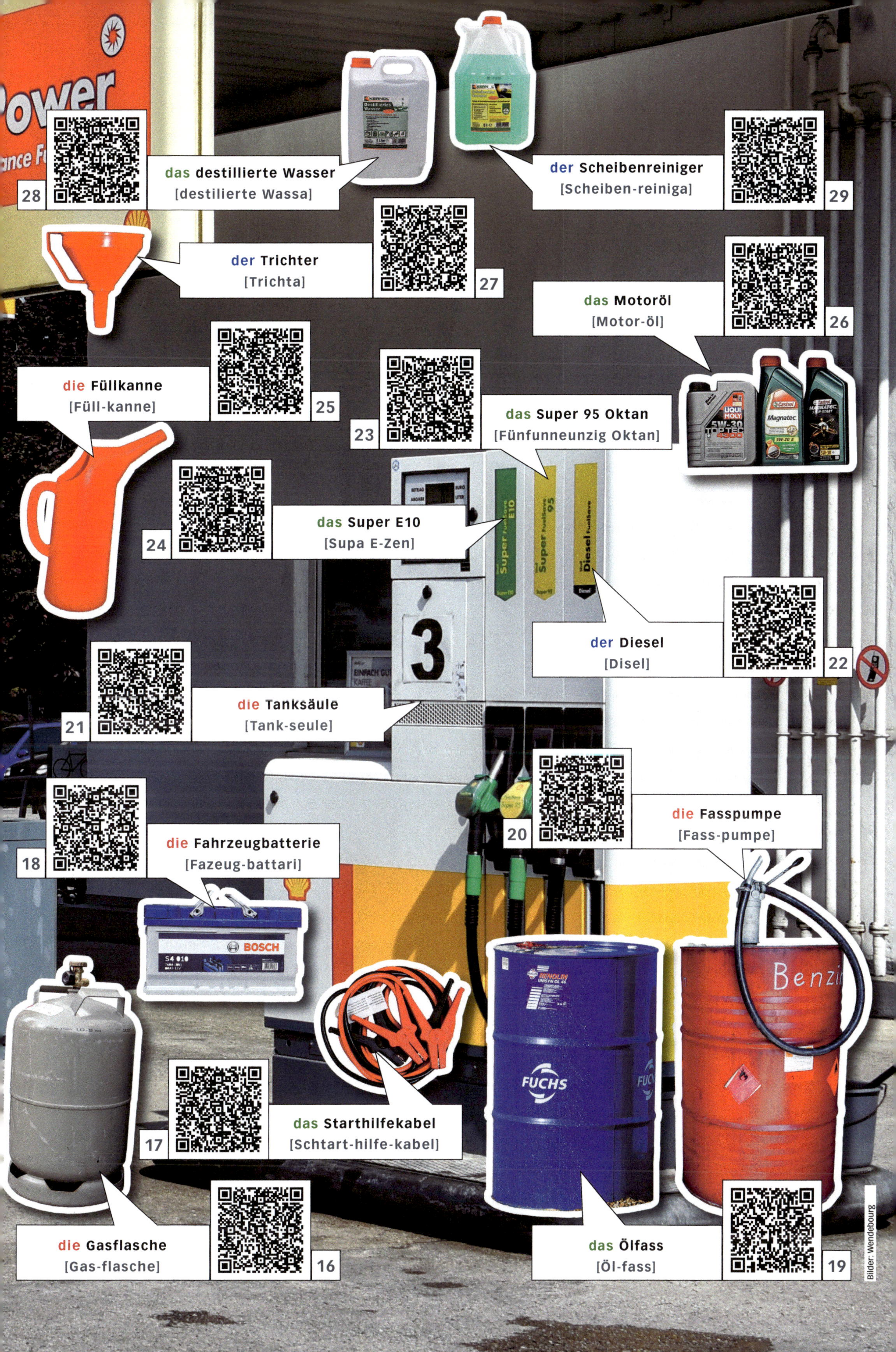

28
das destillierte Wasser
[destilierte Wassa]
der Scheibenreiniger
[Scheiben-reiniga]
29
der Trichter
[Trichta]
27
das Motoröl
[Motor-öl]
26
die Füllkanne
[Füll-kanne]
25
23
das Super 95 Oktan
[Fünfunneunzig Oktan]
24
das Super E10
[Supa E-Zen]
der Diesel
[Disel]
22
21
die Tanksäule
[Tank-seule]
20
die Fasspumpe
[Fass-pumpe]
18
die Fahrzeugbatterie
[Fazeug-battari]
17
das Starthilfekabel
[Schtart-hilfe-kabel]
die Gasflasche
[Gas-flasche]
16
das Ölfass
[Öl-fass]
19
Bilder: Wendebourg

022 Baustelle einrichten und absperren

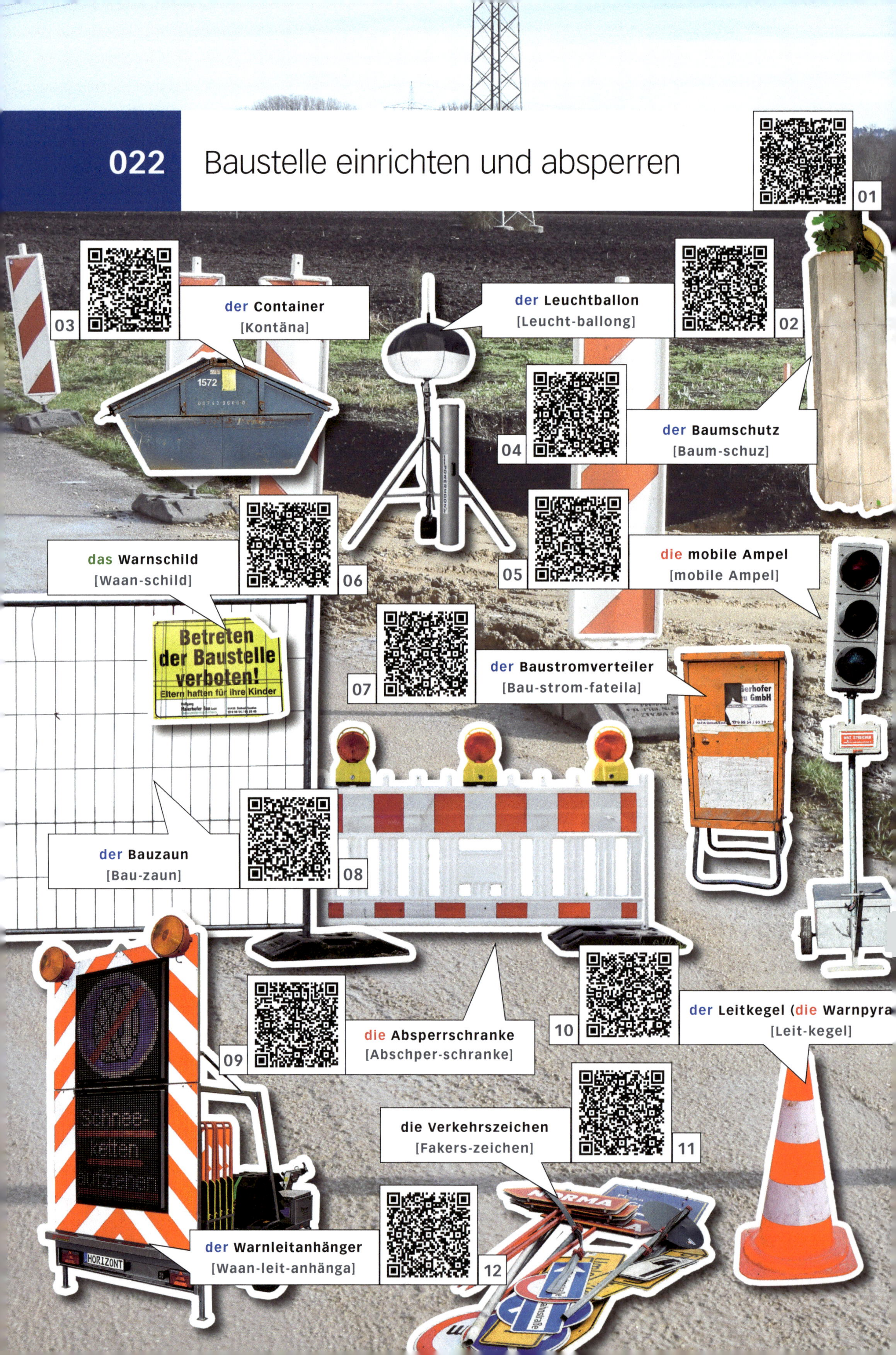
01
02
der Leuchtballon
[Leucht-ballong]
03
der Container
[Kontäna]
1572
04
der Baumschutz
[Baum-schuz]
05
die mobile Ampel
[mobile Ampel]
06
das Warnschild
[Waan-schild]
Betreten der Baustelle verboten!
Eltern haften für ihre Kinder
07
der Baustromverteiler
[Bau-strom-fateila]
08
der Bauzaun
[Bau-zaun]
09
die Absperrschranke
[Abschper-schranke]
10
der Leitkegel (die Warnpyra
[Leit-kegel]
11
die Verkehrszeichen
[Fakers-zeichen]
12
der Warnleitanhänger
[Waan-leit-anhänga]
Schnee-
ketten
aufziehen
HORIZONT

das Silo
[Silo]
28
27
der Turmdrehkran
[Turm-dre-kran]
26
die Ladegabel
[Lade-gabel]
das Dixi-Klo
[Diksi-Klo]
25
4
die Baustellentoilette
[Bau-schtellen-tolette]
der Bauwagen
[Bau-wagen]
23
22
der Baustellencontainer
[Bau-schtellen-kontäna]
18
der Absperrleinenhalter
[Abschper-leinen-halta]
1
die Schubkarre
[Schupp-karre]
die Markierstäbe (2)
[Makir-schtäbe]
20
das Absperrband (das Flatterband)
[Abschper-band]
17
die Leitbake
[Leit-baake]
16
die Markierpflöcke (4)
[Makir-flöcke]
19
die Fußplatte
[Fuss-platte]
15
13
der Überfahrschutz
[Überfa-schuz]
der Betonfuß
[Betong-fuss]
14
Bilder: Wendebourg, Powermoon (02)

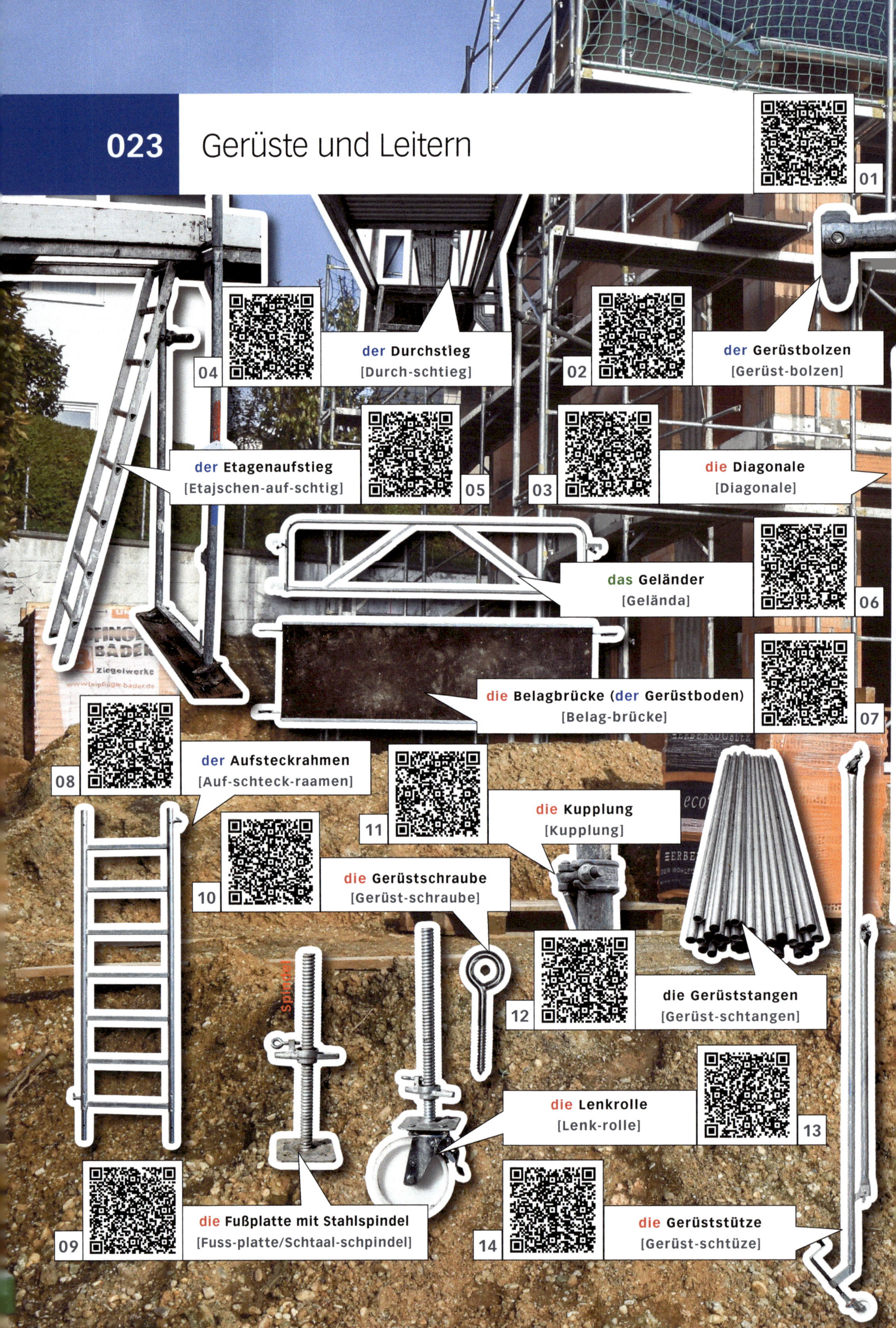
023
Gerüste und Leitern
01
04
der Durchstieg
[Durch-schtieg]
02
der Gerüstbolzen
[Gerüst-bolzen]
der Etagenaufstieg
[Etajschen-auf-schtig]
05
03
die Diagonale
[Diagonale]
das Geländer
[Geländа]
06
die Belagbrücke (der Gerüstboden)
[Belag-brücke]
07
08
der Aufsteckrahmen
[Auf-schteck-raamen]
11
die Kupplung
[Kupplung]
10
die Gerüstschraube
[Gerüst-schraube]
Spindel
12
die Gerüststangen
[Gerüst-schtangen]
die Lenkrolle
[Lenk-rolle]
13
09
die Fußplatte mit Stahlspindel
[Fuss-platte/Schtaal-schpindel]
14
die Gerüststütze
[Gerüst-schtüze]

4
die Anstellleiter
[Anstell-leita]
das Schutznetz
[Schuz-nez]
25
die Anlegeleiter
[Anlege-leita]
22
3
die Teleskopleiter
[Teleskop-leita]
der/die Holm/e (2)
[Holm]
21
die Diagonale
[Diagonale]
03
die Sprosse/n (3)
[Schprosse]
20
die Trittleiter
[Tritt-leita]
19
6
die mobile Arbeitsbühne
[Mobile Abeits-büne]
18
die Stehleiter
[Ste-leita]
5
der Arbeitsbock
[Abeits-bock]
17
die Maurerbühne
[Maura-büne]
Bilder: Wendebourg

Messen und markieren

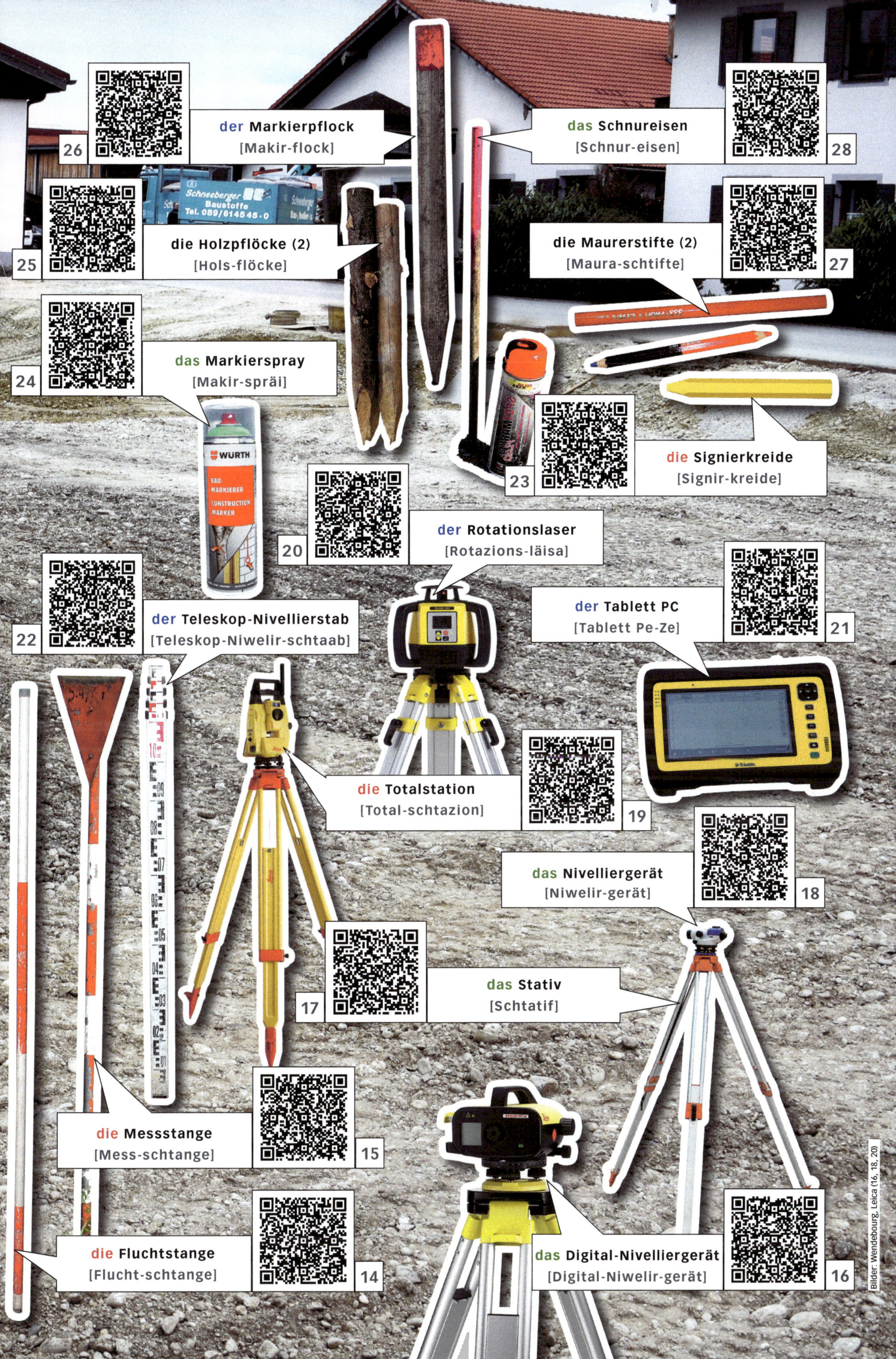

Bilder: Wendebourg, Leica (16, 18, 20)

025 Absperren und ausmessen

01

(Warnpyramide) aufstellen
[auf-schtellen]
03

02
(Fläche) absperren
[ab-schperren]

(Baustellenbereich) absperren
[ab-schperren]
04

05
(Absperreisen) einschlagen
[ein-schlagen]

06
(Flatterband) spannen
[schpannen]

(Höhe) ermitteln
[er-mitteln]
07

08
(Fluchtstange) halten
[halten]

(Linie) fluchten
[fluchten]
09

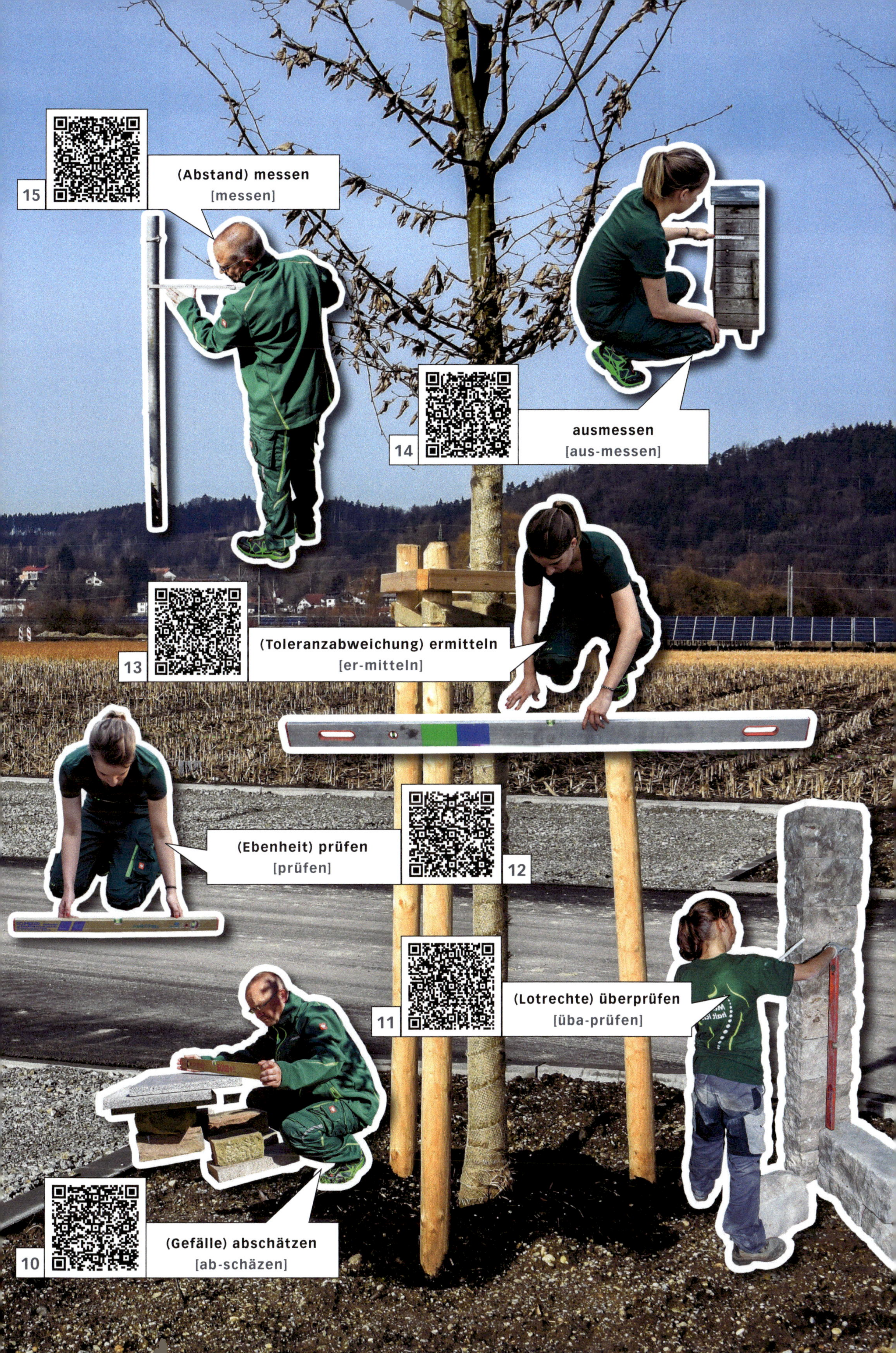
15
(Abstand) messen
[messen]
14
ausmessen
[aus-messen]
13
(Toleranzabweichung) ermitteln
[er-mitteln]
(Ebenheit) prüfen
[prüfen]
12
11
(Lotrechte) überprüfen
[üba-prüfen]
10
(Gefälle) abschätzen
[ab-schäzen]

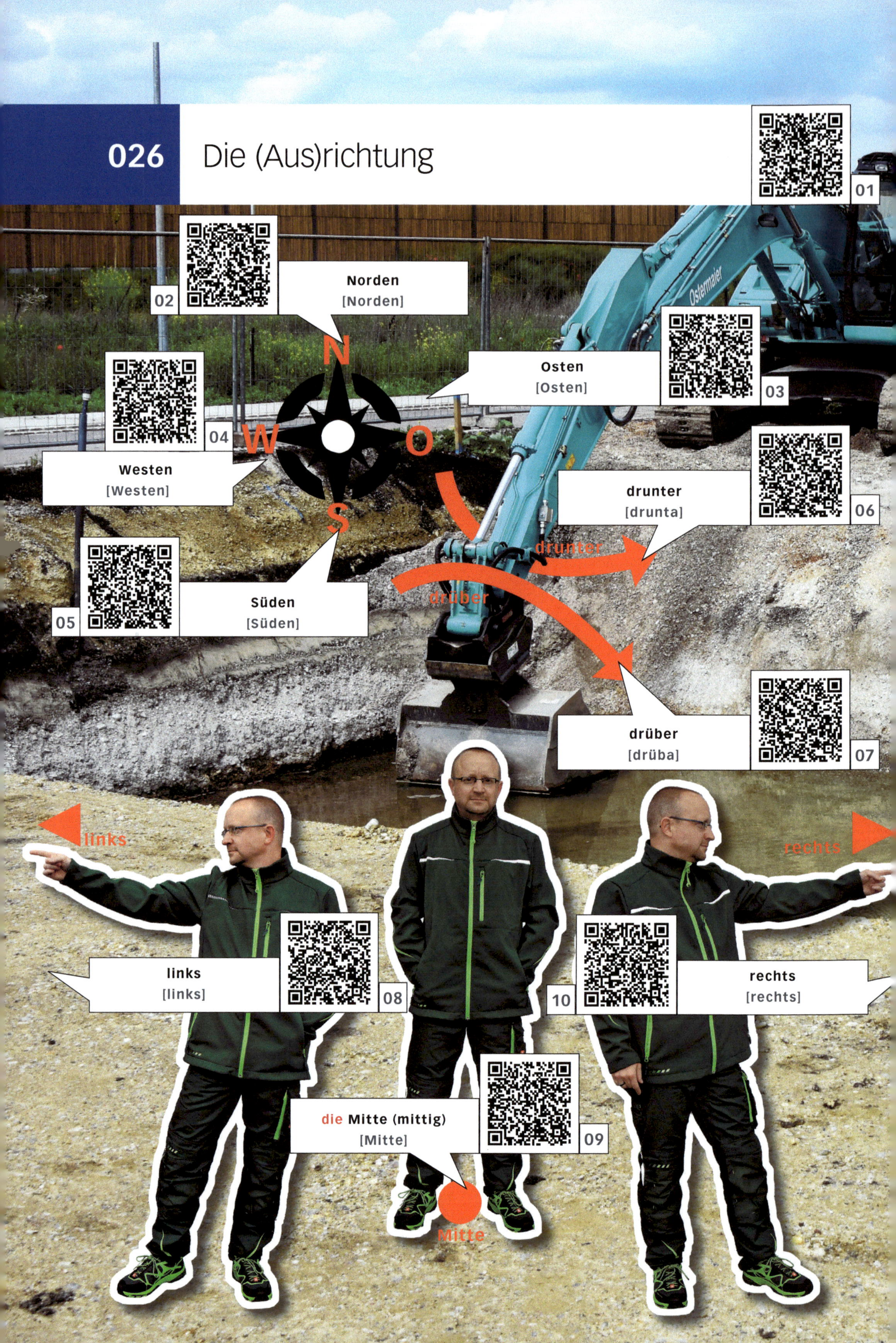
026
Die (Aus)richtung
01
02
Norden
[Norden]
N
03
Osten
[Osten]
04
W
O
Westen
[Westen]
S
06
drunter
[drunta]
drunter
05
Süden
[Süden]
drüber
07
drüber
[drüba]
Ostermaier
links
rechts
links
[links]
08
10
rechts
[rechts]
die Mitte (mittig)
[Mitte]
09
Mitte

20
die Steigung
[Schteigung]
19
oben
[oben]
11%
Steigung
Gefälle
höher
höher
[höa]
18
oben
tief
tief
[tif]
17
das Gefälle
[Ge-felle]
21
tiefer
tiefer
[tifa]
16
waagerecht (horizontal)
[waage-recht]
12
hoch
hoch
[hoch]
15
waagerecht
senkrecht
diagonal
diagonal
[dia-gonal]
11
unten
unten
[unten]
14
senkrecht (vertikal)
[senkrecht]
13
Bilder: Wendebourg (Workwear: Engelbert Strauss)

027 Gewerke auf der Baustelle

02 **der/die Küchenbauer/in**
[Küchen-baua/rin]

03 **der/die Tiefbauer/in**
[Tif-baua/rin]

04 **der/die Elektriker/in**
[Elektrika/rin]

05 **der/die Maurer/in**
[Maura/rin]

06 **der/die Landschaftsgärtner/in**
[Landschafts-gärtna/rin]

der/die Estrichleger/in
[Estrich-lega/rin]

15
der/die Dachdecker/in
[Dach-decka/rin]
der/die Zimmermann/Zimmerfrau
[Zimma-mann/Zimma-frau]
14
der/die Glaser/in
[Glasa/rin]
12
13
der/die Trockenbauer/in
[Trocken-baua/rin]
11
der/die Verputzer/in
[Fapuza/rin]
10
der/die Fliesenleger/in
[Flisen-lega/rin]
der/die Klempner/in
[Klempna/rin]
09
der/die Flaschner/in
[Flaschna/rin]
08
Bilder: Wendebourg, Engelbert Strauß (alle Outfits)

028 Der Privatgarten

02 das Gerätehaus [Geräte-haus]

03 das Holzdeck [Hols-deck]

04 die Terrasse [Terrasse]

05 der Naturpool [Natur-pul]

06 der Lichtschacht [Licht-schacht]

07 die Staudenpflanzung [Schtauden-flanzung]

08 die Müllbox [Müll-boks]

09 der Gartenweg [Gaten-weg]

10 das Hochbeet [Hoch-beet]

11 die Gartenmauer [Gaten-maua]

12 die Hecke [Hecke]

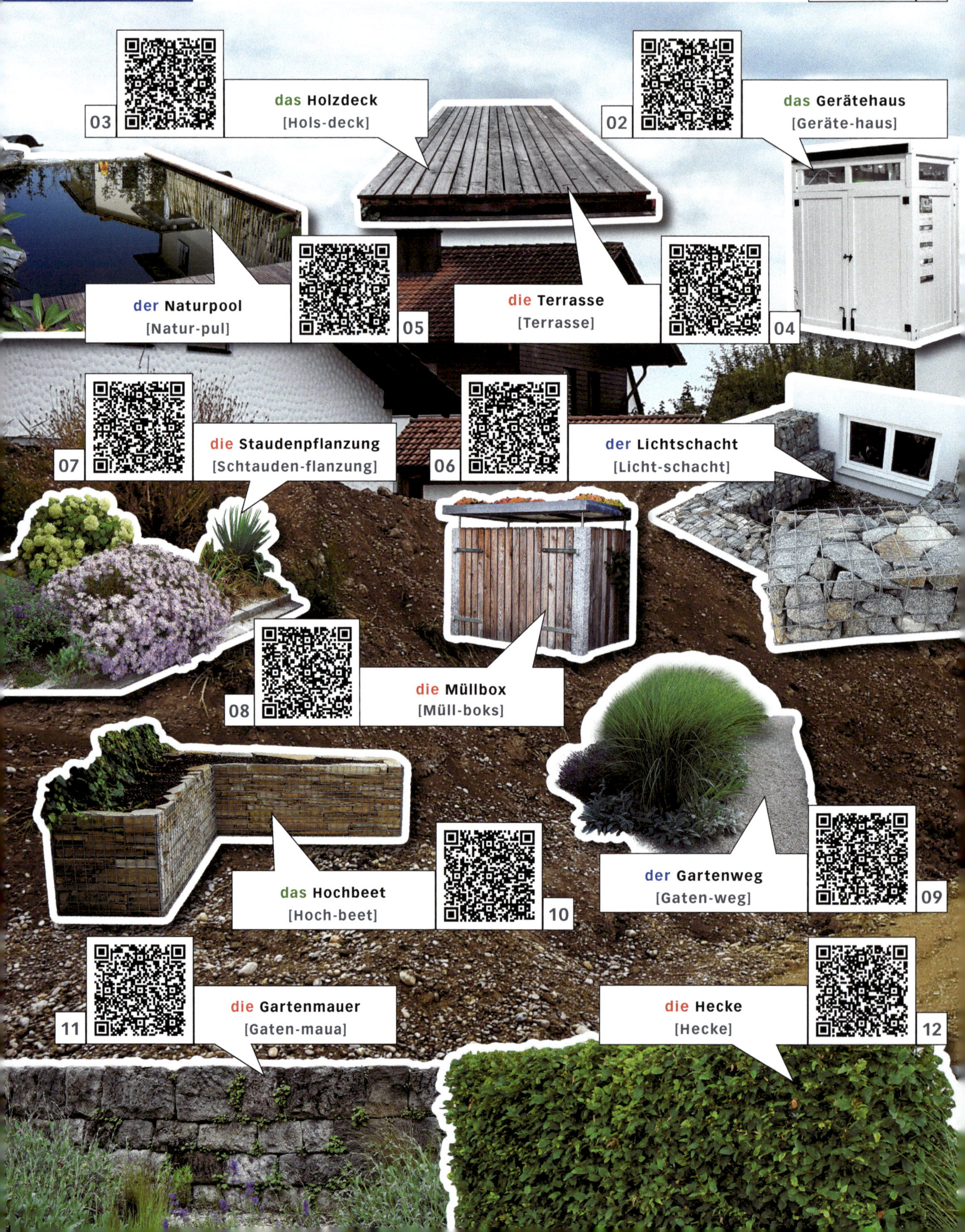

die Pergola
[Pergola]
26
der Rasen
[Rasen]
24
die Fassaden-Begrünung
[Fassaden-Begrünung]
25
der Hausbaum
[Haus-baum]
22
die Garage
[Garajsche]
23
die Hausnummer
[Haus-numma]
21
5
die Haustür
[Haus-tür]
20
der Carport
[Ka-port]
19
der Kunde
[Kunde]
16
die Auffahrt
[Auf-fat]
18
der Sichtschutz
[Sicht-schuz]
17
die Kundin
[Kundin]
15
das Gartentor
[Gaten-tor]
13
der Zaun
[Zaun]
14
Bilder: Wendebourg

029 Der Erd- und Wegebau

01

03 die Laderaupe
[Lade-raupe]

der Grader
[Grada] 02

der Muldenkipper
[Mulden-kippa] 05

der Traktor
[Traktor] 04

06 der Schlepper
[Schleppa]

07 der Raupendumper
[Raupen-dampa]

der Diesel-Stromerzeuger
[Disel-Schtrom-erzeuga] 09

die Lasersteuerung
[Läsa-schteuerung] 08

der Raupenbagger
[Raupen-bagga] 10

11 der Bodenstabilisierer
[Boden-schtabilisira]

Bilder: Wendebourg, Zeitner (02), Bergmann (07)

030 Rohre und Leitungen verlegen

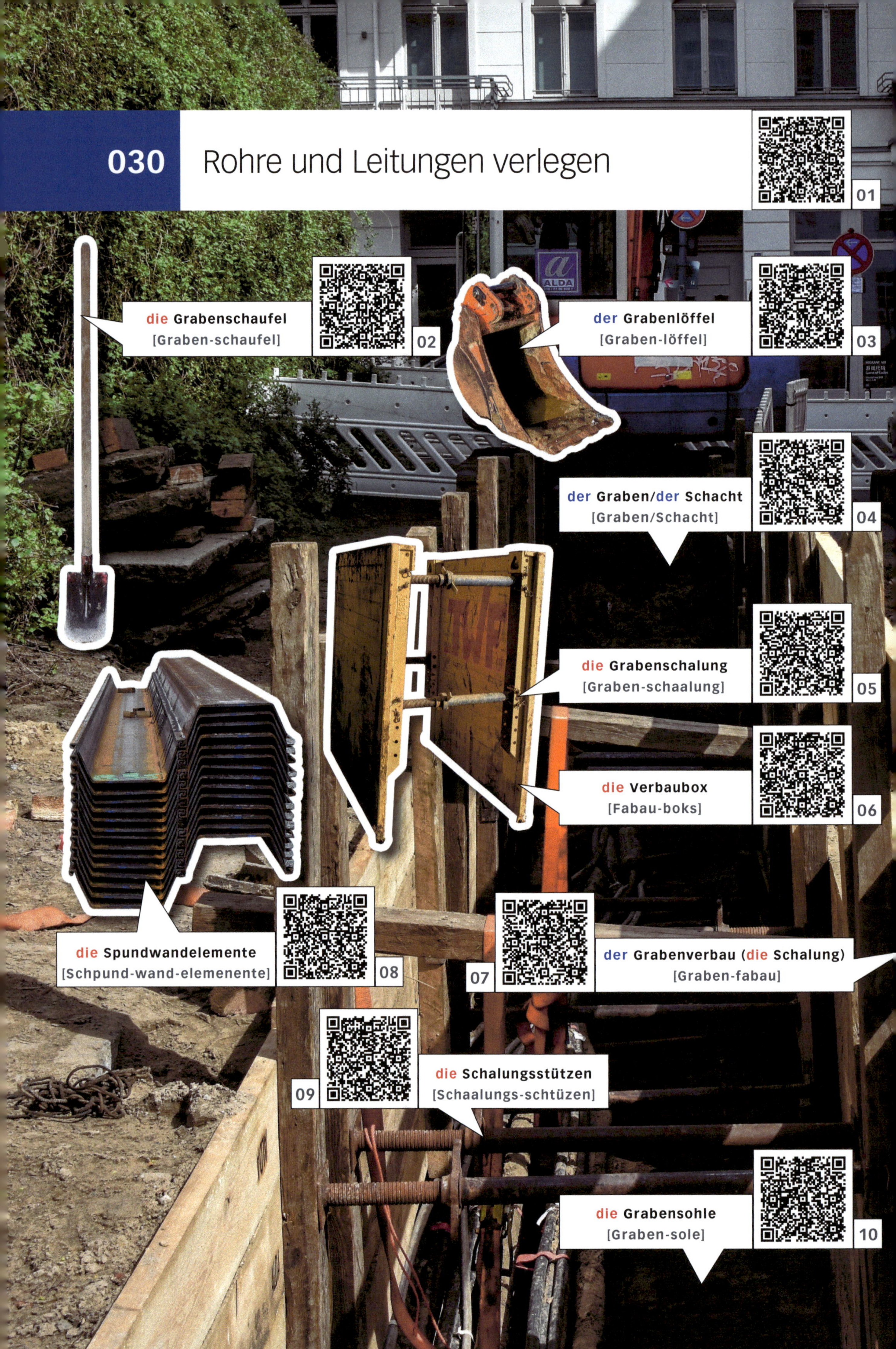

Bilder: Wendebourg

031 Sportanlagen bauen

24
der Fertiger
[Fertiga]
heiler
die Elastikschicht
[Elastik-schicht]
23
22
die Schotter-Tragschicht
[Schotta-Trag-schicht]
Kunstrasen
20
das Andrückwerkzeug
[Andrück-werkzeug]
21
die Dränasphalt-Tragschicht
[Drän-asfalt-Trag-schicht]
19
(Kunstrasen) verlegen
[fa-legen]
die Aufsitzverfüllmaschine
[Aufsiz-fafüll-maschine]
18
der Kunstrasen
[Kunst-rasen]
17
16
der Handstreuer
[Hand-schtreua]
der Chargenmischer
[Scharjschen-mischa]
12
die Kunstrasengreifzangen (2)
[Kunst-rasen-greif-zangen]
15
14
der Rasenspanner
[Rasen-schpanna]
11
das Granulatgebläse
[Ganulat-gebläse]
13
der Elektro-Cutter
[Elektro-Katta]

032 Die Baugrube

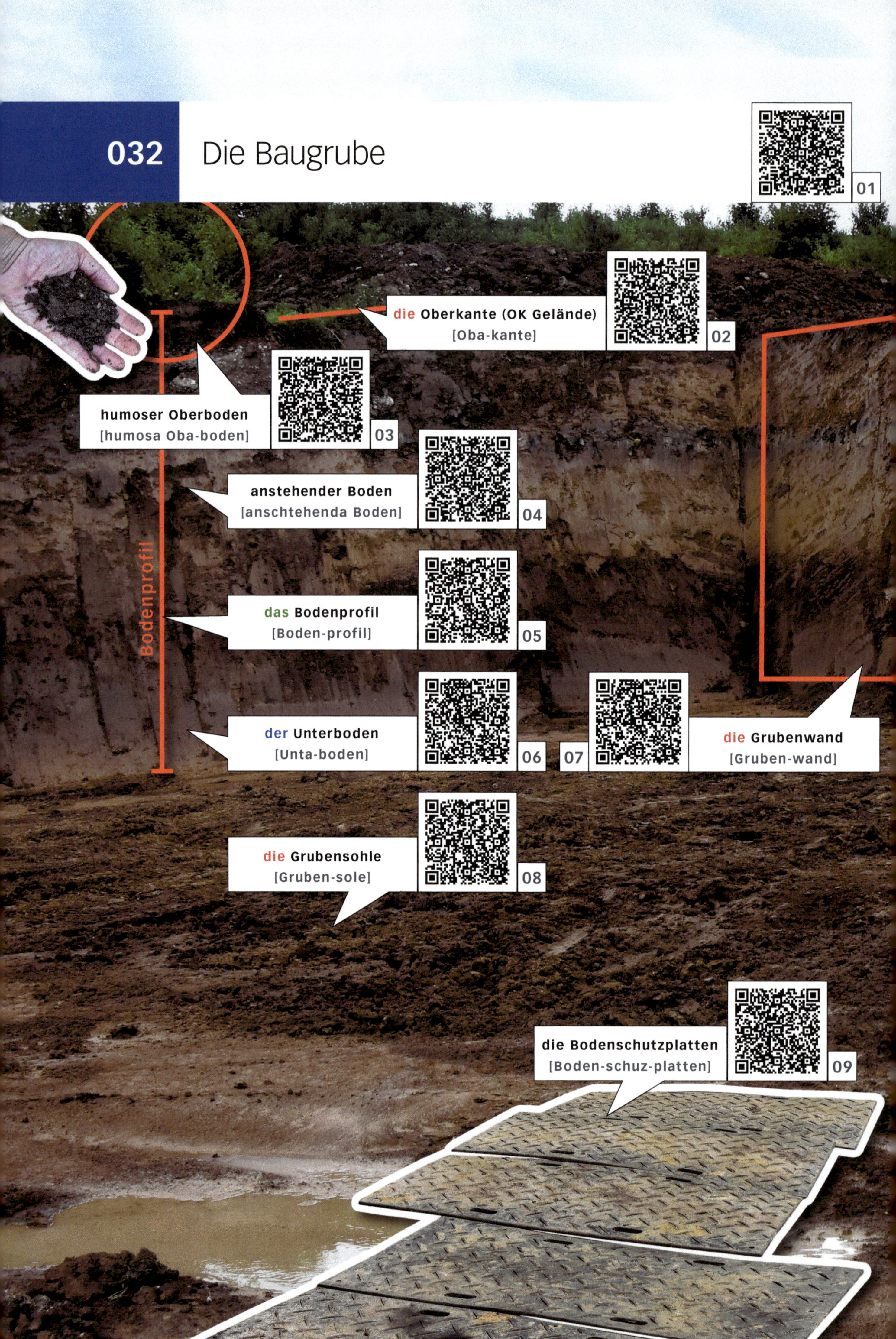

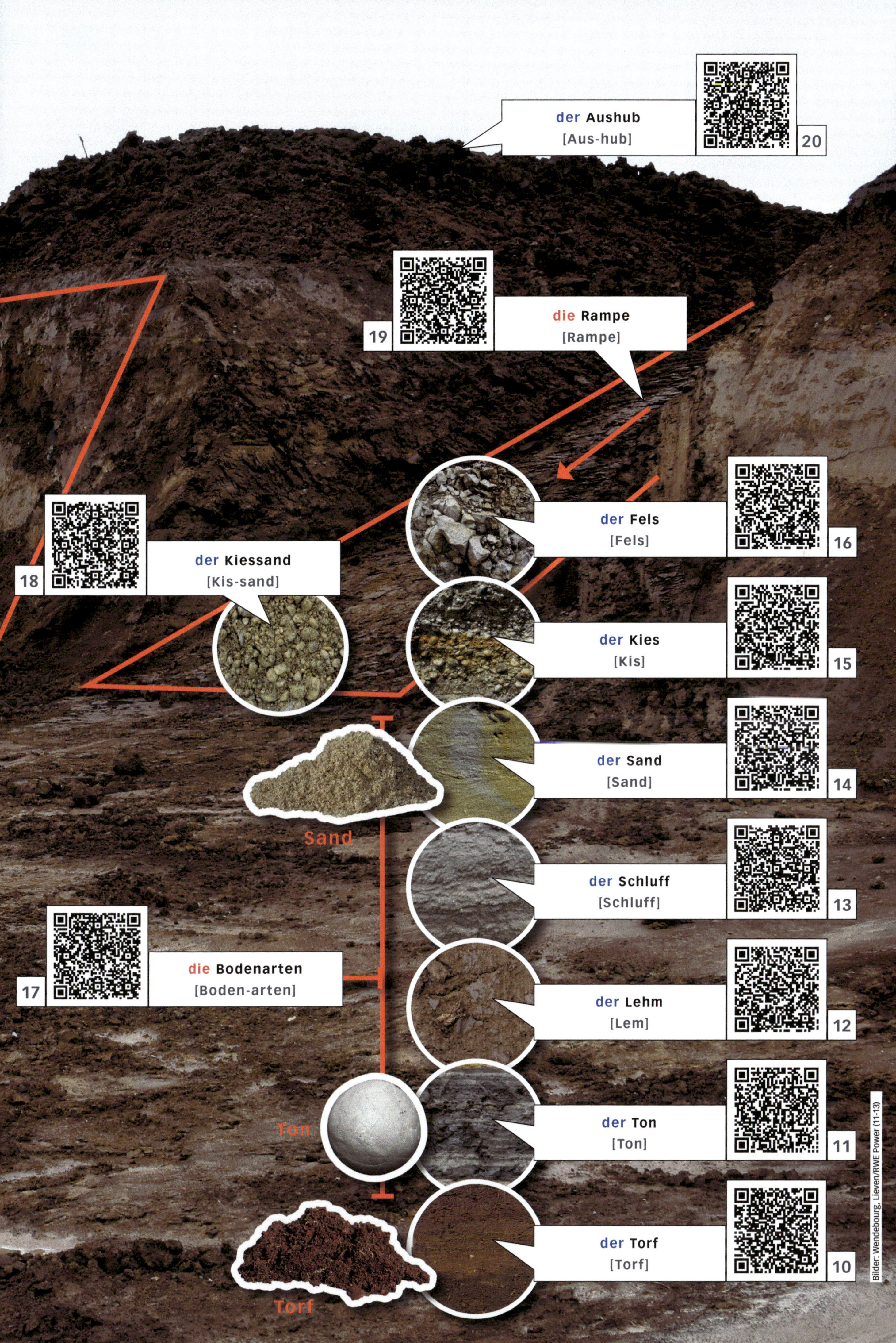
der Aushub
[Aus-hub]
20
19
die Rampe
[Rampe]
der Fels
[Fels]
16
18
der Kiessand
[Kis-sand]
der Kies
[Kis]
15
der Sand
[Sand]
14
Sand
der Schluff
[Schluff]
13
17
die Bodenarten
[Boden-arten]
der Lehm
[Lem]
12
Ton
der Ton
[Ton]
11
der Torf
[Torf]
10
Torf
Bilder: Wendebourg, Lieven/RWE Power (11-13)

033 Boden lösen, laden, transportieren

Bilder: Wendebourg, Garbe (02, 03, 07, 10-12, 16, 17), Zallys (13), Wacker Neuson (14) Schäfer (15)

034 Mineralische Schüttgüter

01

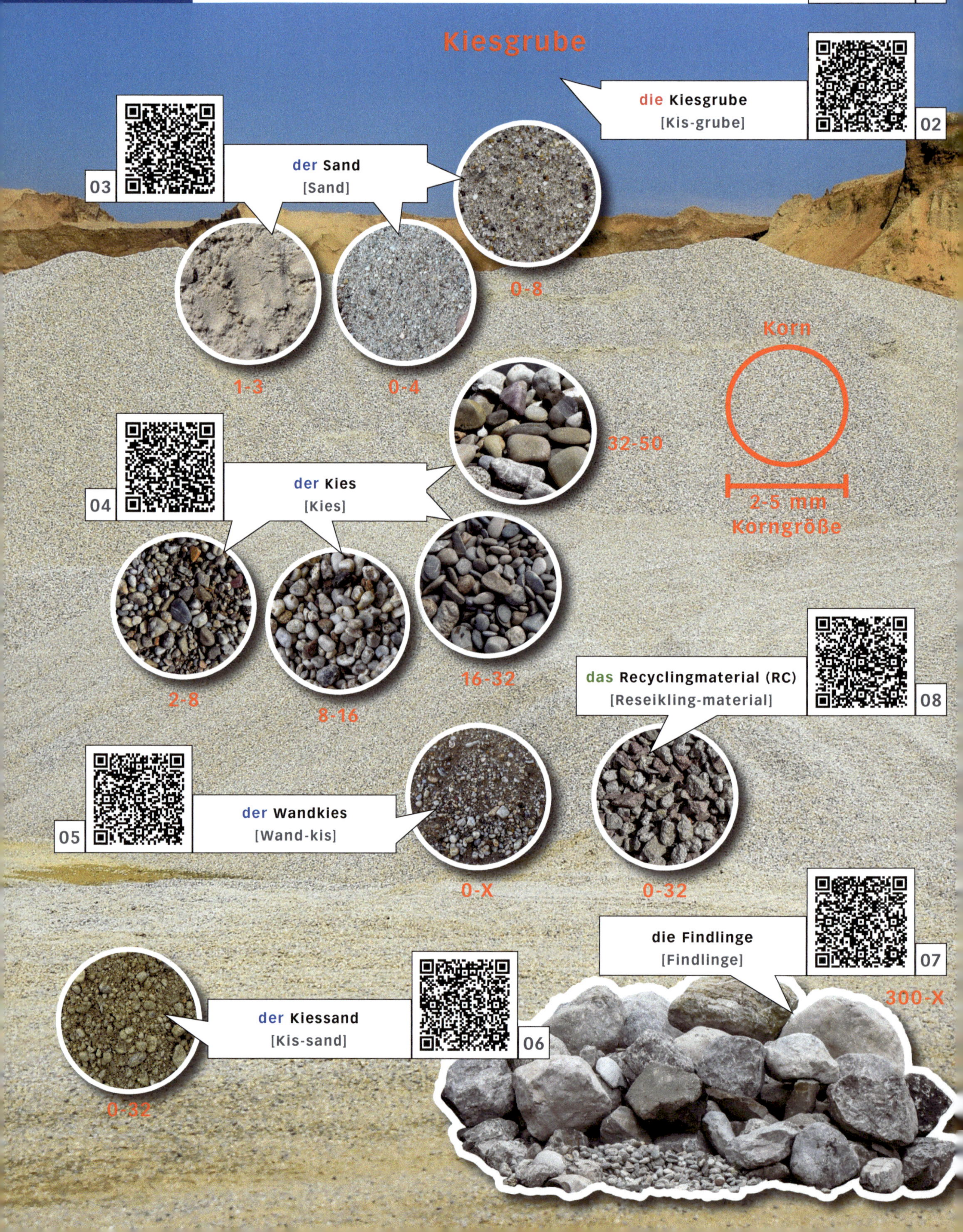

Kiesgrube

02 die Kiesgrube [Kis-grube]

03 der Sand [Sand]

1-3

0-4

0-8

Korn

2-5 mm Korngröße

04 der Kies [Kies]

2-8

8-16

16-32

32-50

08 das Recyclingmaterial (RC) [Reseikling-material]

0-32

05 der Wandkies [Wand-kis]

0-X

07 die Findlinge [Findlinge]

300-X

06 der Kiessand [Kis-sand]

0-32

Bilder: Wendebourg, Pesl (14)

035 Die Natursteine/Gesteine

Metamorphe Gesteine
15
der Schiefer
[Schifa]
der Quarzit
[Kwarzitt]
14
12
der Marmor
[Mamor]
der Gneis
[Gneis]
13
Vulkanite
der Basalt
[Basalt]
11
die Basaltlava
[Basalt-lawa]
10
der Diabas
[Diabaas]
09
08
der Porphyr
[Porfür]
Bilder: Wendebourg, Grandi (02), Senn (07), Schuttheiss (09), Mendfiger (10), Senn

036 Gelände abfangen

die Hecke
[Hecke]
24
23
die Zyklopenmauer
[Züklopen-maua]
22
die Trockenmauer
[Trocken-maua]
das Gefälle
[Gefälle]
21
die Böschung/der Hang
[Böschung/Hang]
20
Gefälle
19
die Findlingsmauer
[Findlings-maua]
15
18
die Recyclingmauer
[Reseikling-maua]
die Winkelstütze
[Winkel-schtüze]
Höhenunterschied
Höhe
der Höhenunterschied
[Hö-en-unterschid]
17
16
die Gabionenwand
[Gabionen-wand]
der L-Stein
[El-Schtein]
14
12
die Palisaden
[Palisaden]
13
der Pflanztrog
[Flans-trog]
Bilder: Wendebourg

037 Mauertypen und -elemente

01

Mauern ohne Mörtel

die Grassoden
[Gras-soden] 02

der Friesenwall
[Frisen-wall] 03

die Zyklopenmauer
[Züklopen-maua] 04

05 die Stampflehmmauer
[Schtampf-lem-maua]

die Trockenmauer
[Trocken-maua] 06

Betonmauern

07 die Betonmauer (gespitzt)
[Betong-maua, geschpitzt]

die Sichtbetonmauer
[Sicht-betong-maua] 08

09 die Stampfbetonmauer
[Schtampf-betong-maua]

10 die Mauerscheiben (Stelen
[Maua-scheiben]

die Steinmauer (verputzt)
[Schteinmaua, fapuzt] 11

die Betonmauer (eingefärbt)
[Betong-maua, ein-gefärbt] 12

Gemörtelte Natursteinmauer
29
das Kieselmauerwerk
[Kisel-maua-werk]
das Verblendmauerwerk
[Fablend-maua-werk]
26
28
das Schichtenmauerwerk
[Schichten-maua-werk]
25
das Wechselmauerwerk
[Weksel-maua-werk]
27
das Quadermauerwerk
[Kwada-maua-werk]
Mauern aus Klinker und Backstein
4
die Klinkermauer
[Klinka-maua]
die Kalksandsteinmauer
[Kalk-sand-schtein-maua]
23
22
die Backsteinmauer
[Back-schtein-maua]
die Ziegelmauer
[Zigel-maua]
21
Mauerelemente
20
die Rollschicht
[Roll-schicht]
die Mauerkrone
[Maua-krone]
19
17
die Läuferschicht
[Leufa-schicht]
die Fugen
[Fugen]
18
15
der Pfeiler
[Feila]
16
der Mauerfuss
[Maua-fuss]
13
die Abdeckung (Dachziegel)
[Ab-deckung]
14
die Abdeckplatte
[Ab-deck-platte]
Bilder: Wendeboung

038 Die Mauern

die Maurerkellen (2)
[Maura-kellen]
29
der Betonmischer
[Betong-mischa]
30
das Fugeisen
[Fug-eisen]
28
die Mörtelwanne
[Mörtel-wanne]
27
die Mörtelrührer (2)
[Mörtel-rüra]
26
das Wasser
[Wassa]
25
der Mörtelbottich
[Mörtel-bottich]
24
SCHWENK
Trasszementmörtel
TM 10
25 kg
der Trasszementmörtel
[Trass-zement-mörtel]
23
der Mörtel
[Mörtel]
22
quick-mix
Z01
Das Original
ZEMENTMÖRTEL
40 kg
der Zementmörtel
[Zement-mörtel]
21
der Zement (Sack)
[Zement]
20
SPZ
25kg
PORTLANDKALKSTEINZEMENT
Solnhofen / Bayern
das Reibebrett
[Reibe-brett]
19
das Glätteisen
[Glätt-eisen]
18
der Edelputzkratzer
[Edel-puz-kraza]
16
der Putzhaken
[Puz-haken]
17
Bilder: Wendebourg, Probst (02)

039 Trockenmauern bauen

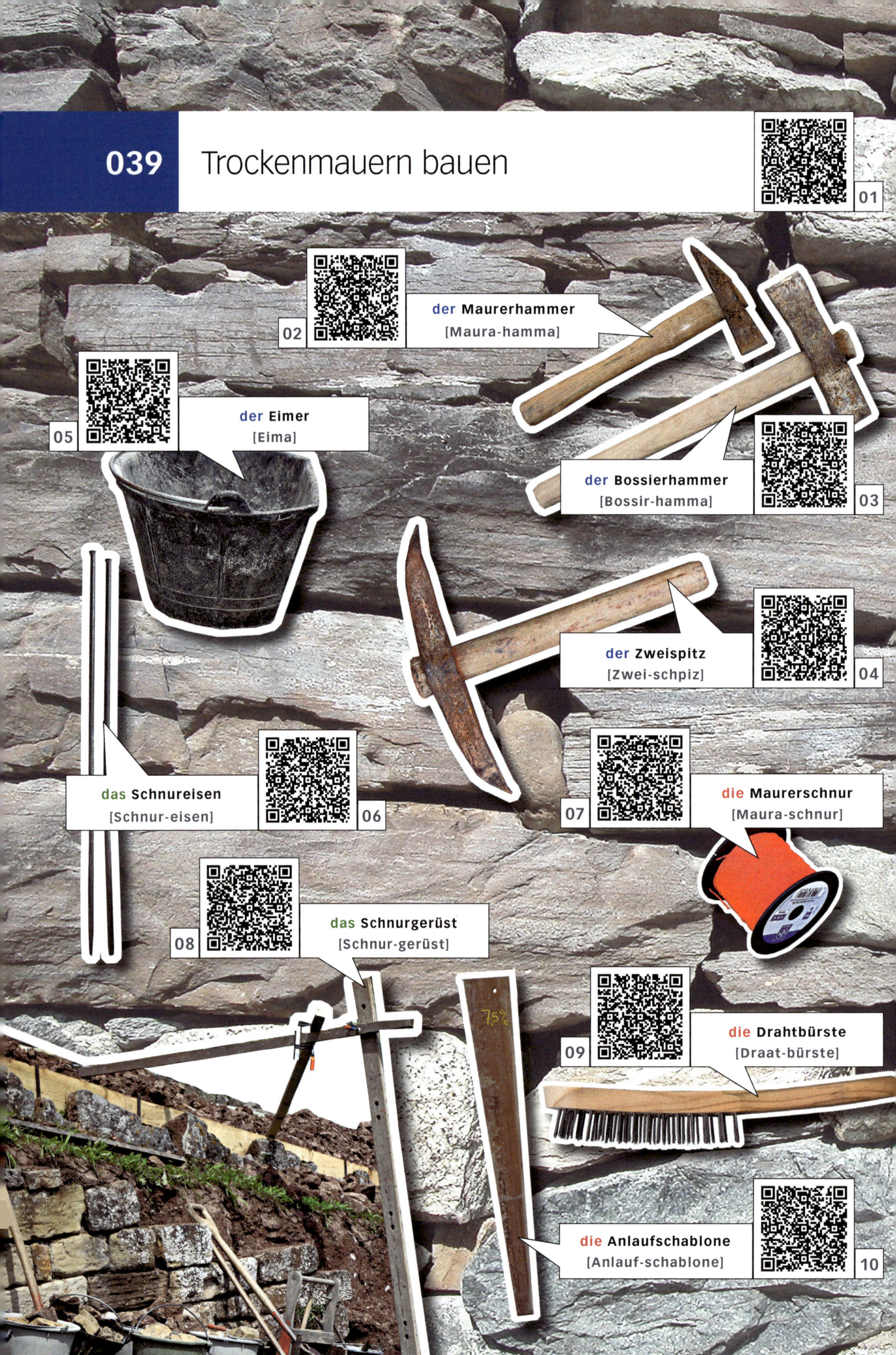

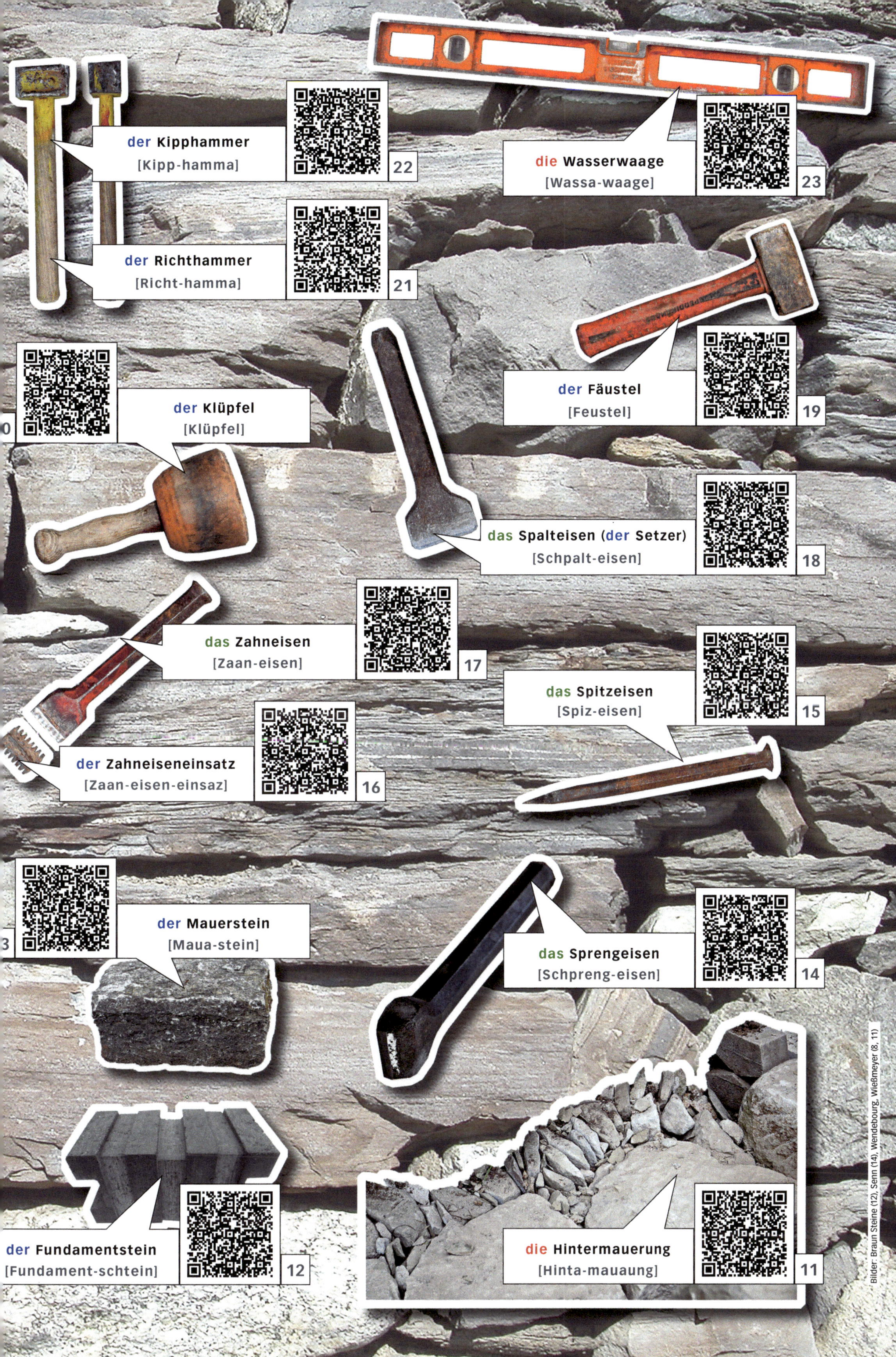
der Kipphammer
[Kipp-hamma]
22
die Wasserwaage
[Wassa-waage]
23
der Richthammer
[Richt-hamma]
21
der Fäustel
[Feustel]
19
der Klüpfel
[Klüpfel]
das Spalteisen (der Setzer)
[Schpalt-eisen]
18
das Zahneisen
[Zaan-eisen]
17
das Spitzeisen
[Spiz-eisen]
15
der Zahneiseneinsatz
[Zaan-eisen-einsaz]
16
der Mauerstein
[Maua-stein]
das Sprengeisen
[Schpreng-eisen]
14
der Fundamentstein
[Fundament-schtein]
12
die Hintermauerung
[Hinta-mauaung]
11

040 Gabionen, Netze und bewehrte Erde

01

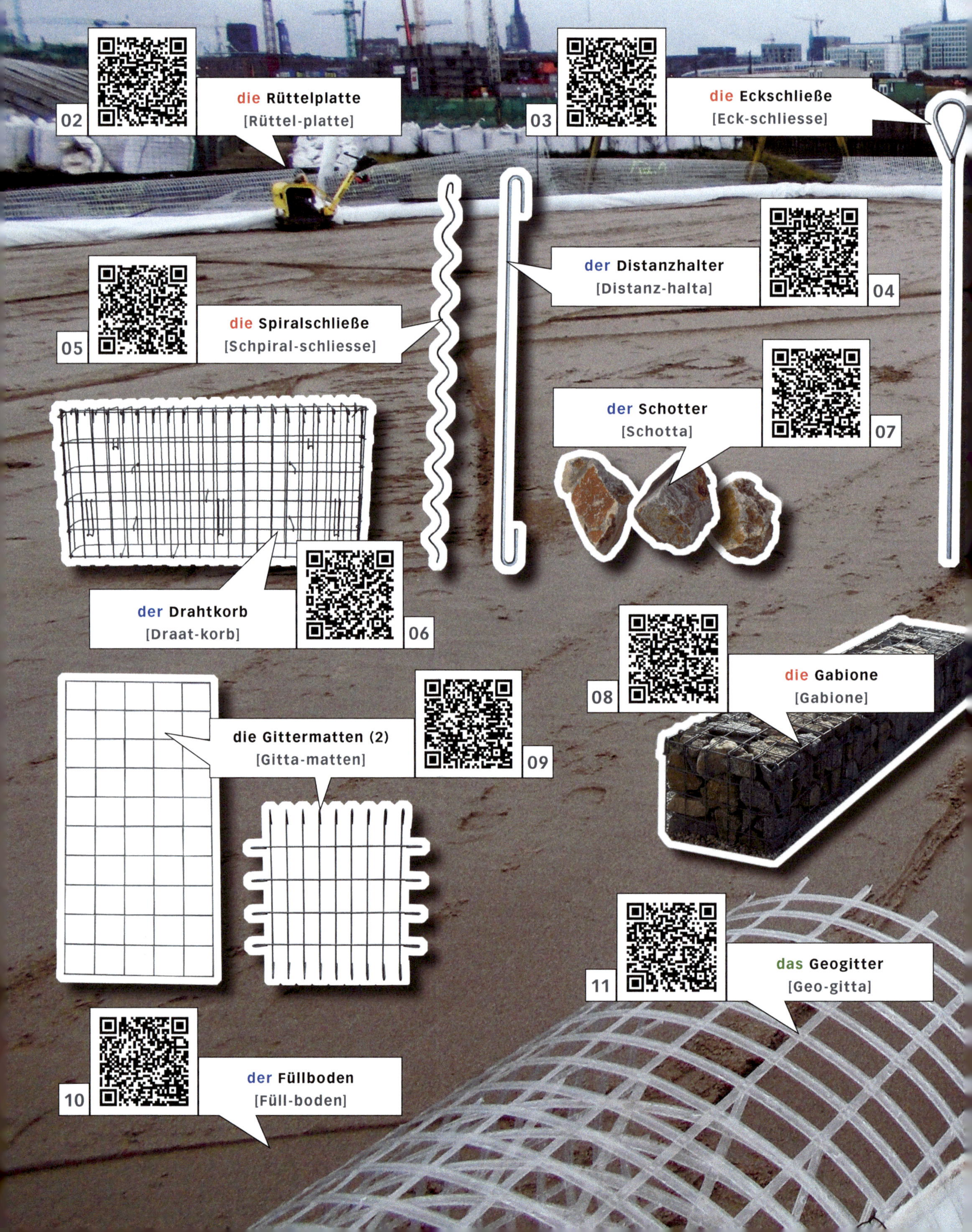

02 die Rüttelplatte
[Rüttel-platte]

03 die Eckschließe
[Eck-schliesse]

04 der Distanzhalter
[Distanz-halta]

05 die Spiralschließe
[Schpiral-schliesse]

06 der Drahtkorb
[Draat-korb]

07 der Schotter
[Schotta]

08 die Gabione
[Gabione]

09 die Gittermatten (2)
[Gitta-matten]

10 der Füllboden
[Füll-boden]

11 das Geogitter
[Geo-gitta]

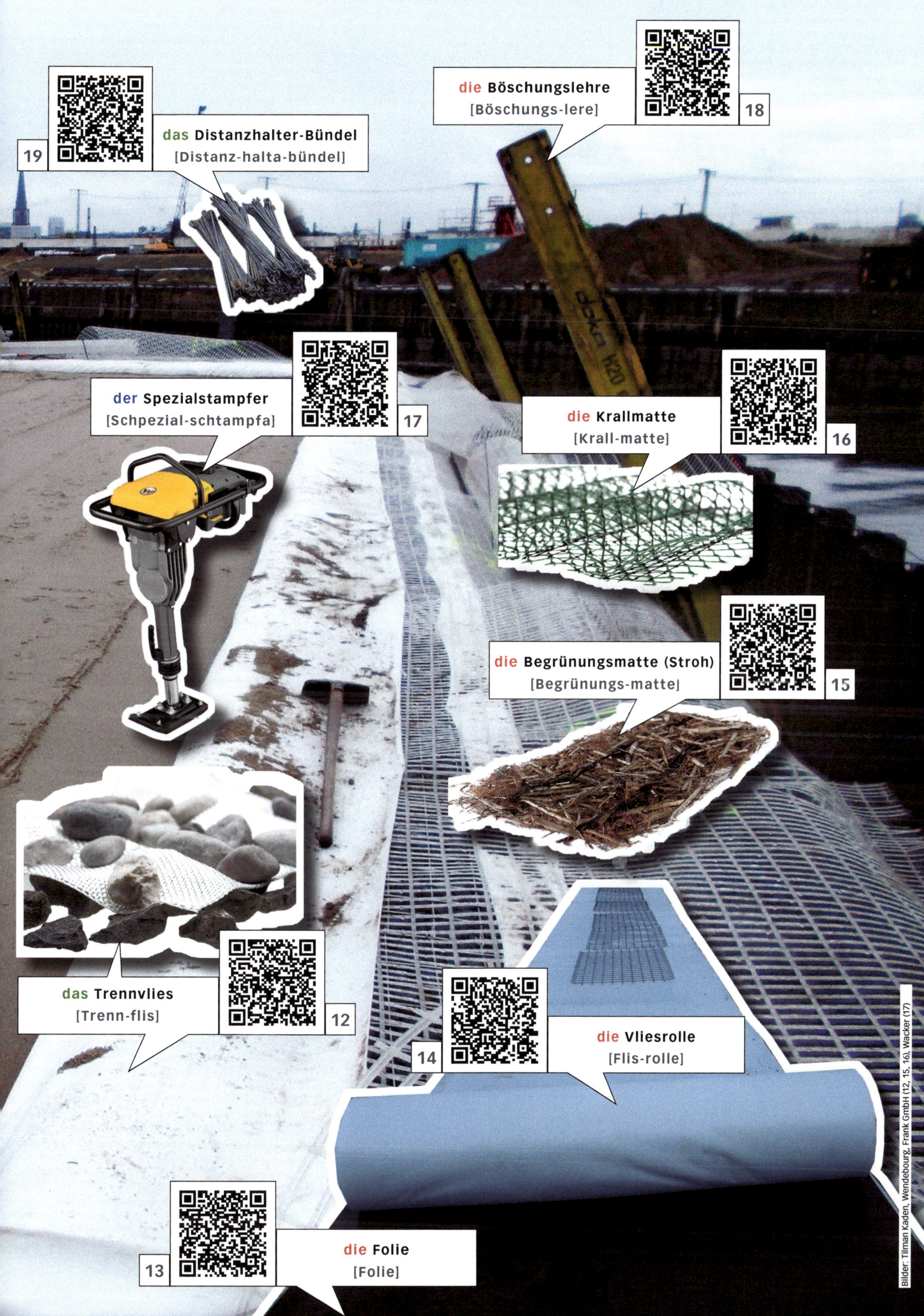

Bilder: Tilman Kaden, Wendebourg, Frank GmbH (12, 15, 16), Wacker (17)

041 Mauern errichten

Trockenmauern setzen
13
(unterste Lage) anlegen
[an-legen]
12
(Stein) versetzen
[fa-sezen]
10
(Schnurgerüst) errichten
[er-richten]
11
(Mauersohle) verdichten
[fa-dichten]
09
(Unebenheiten) beseitigen
[be-seitigen]
(Stein) zurichten
[zu-richten]
08
Bilder: Wendebourg, Zimmerling (09, 10, 13)

042 Betonieren

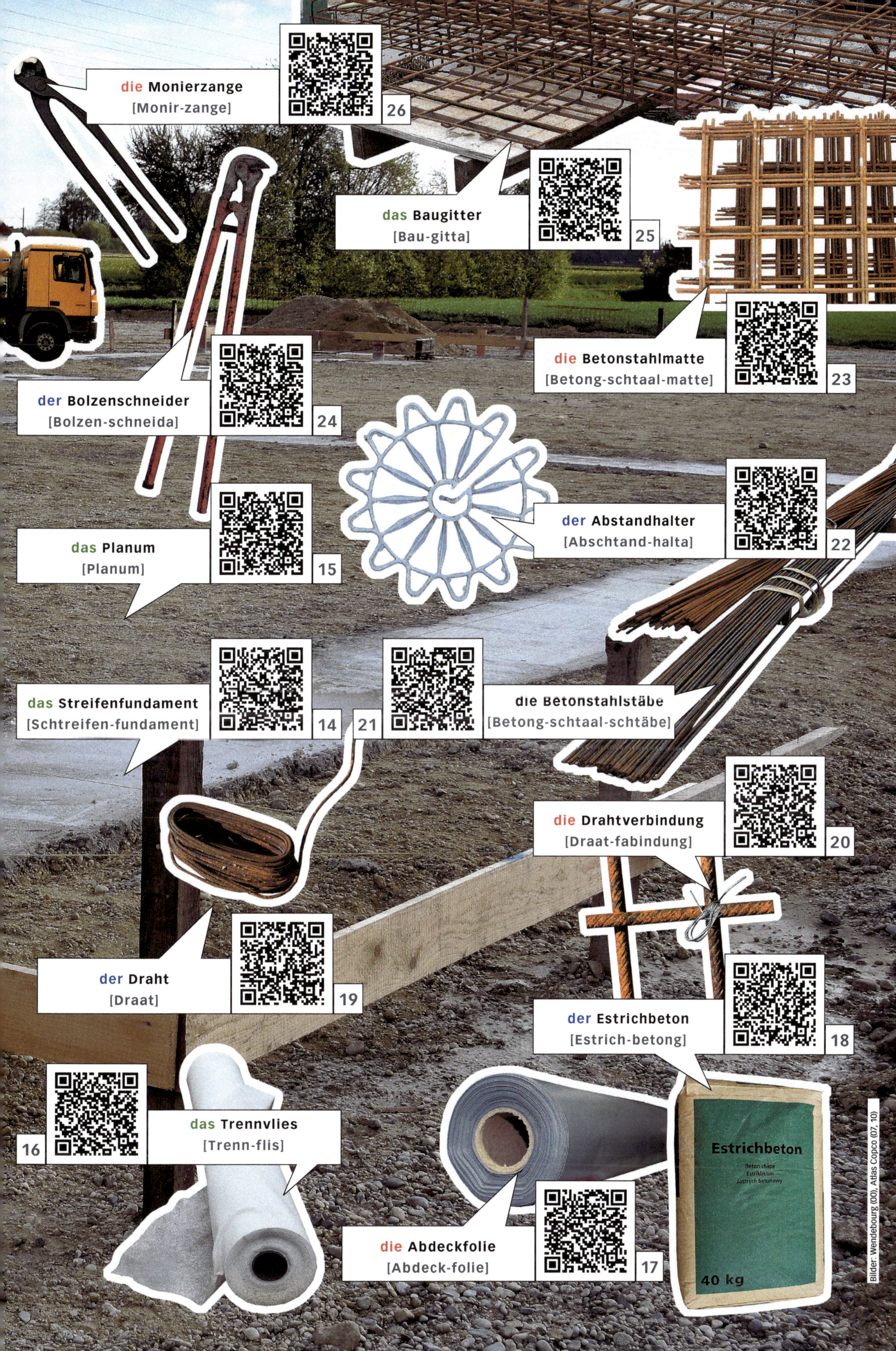

die Monierzange
[Monir-zange]
26
das Baugitter
[Bau-gitta]
25
die Betonstahlmatte
[Betong-schtaal-matte]
23
der Bolzenschneider
[Bolzen-schneida]
24
der Abstandhalter
[Abschtand-halta]
22
das Planum
[Planum]
15
das Streifenfundament
[Schtreifen-fundament]
14
21
die Betonstahlstäbe
[Betong-schtaal-schtäbe]
die Drahtverbindung
[Draat-fabindung]
20
der Draht
[Draat]
19
der Estrichbeton
[Estrich-betong]
18
16
das Trennvlies
[Trenn-flis]
die Abdeckfolie
[Abdeck-folie]
17
Estrichbeton
40 kg
Bilder: Wendebourg (00), Atlas Copco (07, 10)

043 Bohren, fräsen, schneiden, schleifen

01

02 der Akku-Bohrhammer [Acku-Bor-hamma]

03 der Bohrhammer [Bor-hamma]

04 der Akkubohrer [Acku-bora]

05 die Bohrmaschine [Bor-maschine]

06 der Gewindebohrer [Gewinde-bora]

07 der Holzbohrer [Hols-bora]

08 die Metallbohrer (2) [Metall-bora]

09 die Steinbohrer (3) [Schtein-bora]

10 die Kunststoffdübel (3) [Kunschtoff-dübel]

11 der Messingspreizdübel [Messing-schpreiz-dübel]

12 der Fächerschleifer [Fächa-schleifa]

13 die Flächenbürste [Flächen-bürste]

14 die Pinselbürste [Pinsel-bürste]

15 die Rundbürste [Rund-bürste]

16 die Schleifstifte (4) [Schleif-schtifte]

17 die Schleifhülsen (2) [Schleif-hülsen]

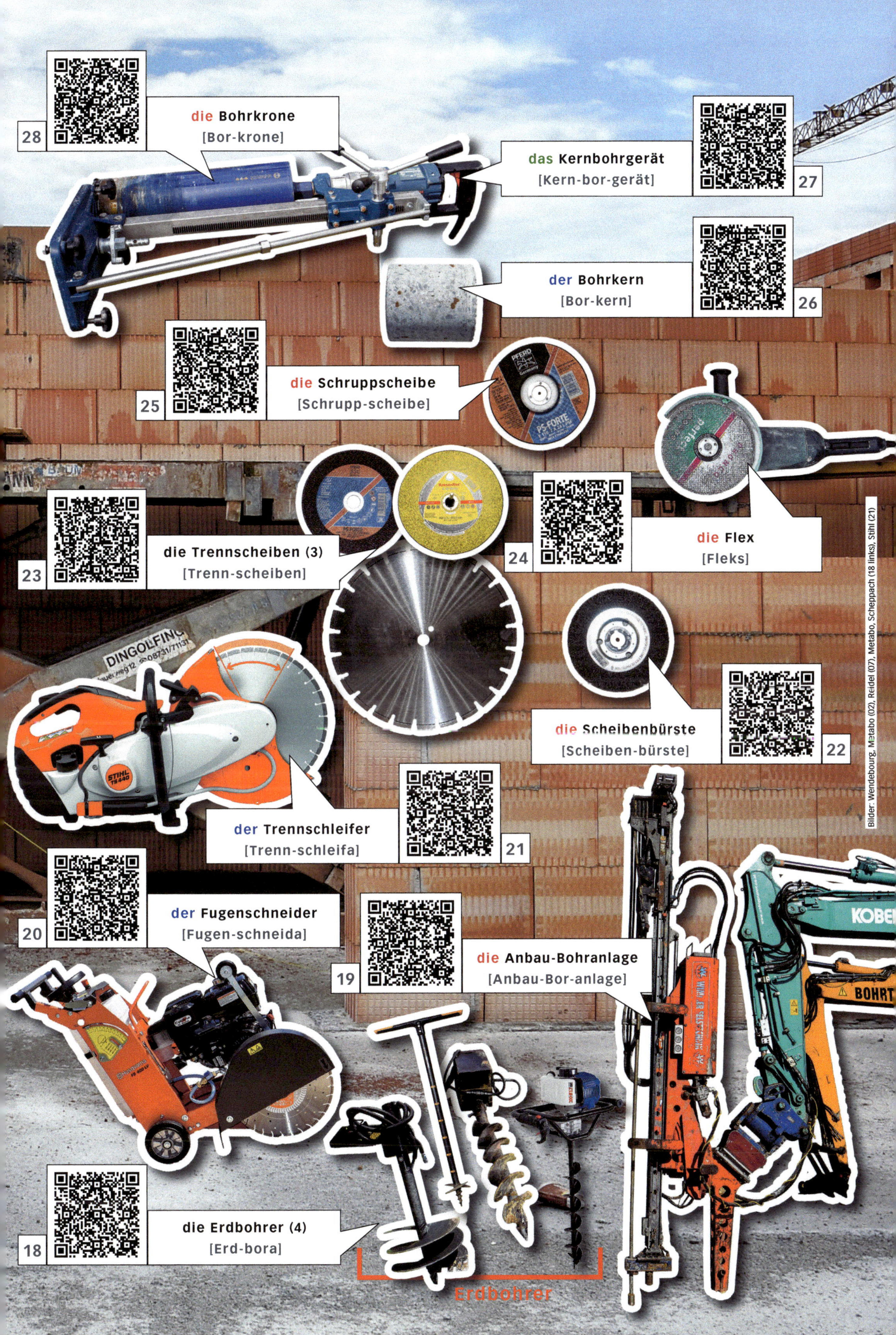

Bilder: Wendebourg, Metabo (02), Reidel (07), Metabo, Scheppach (18 links), Stihl (21)

044 Die Holzprodukte

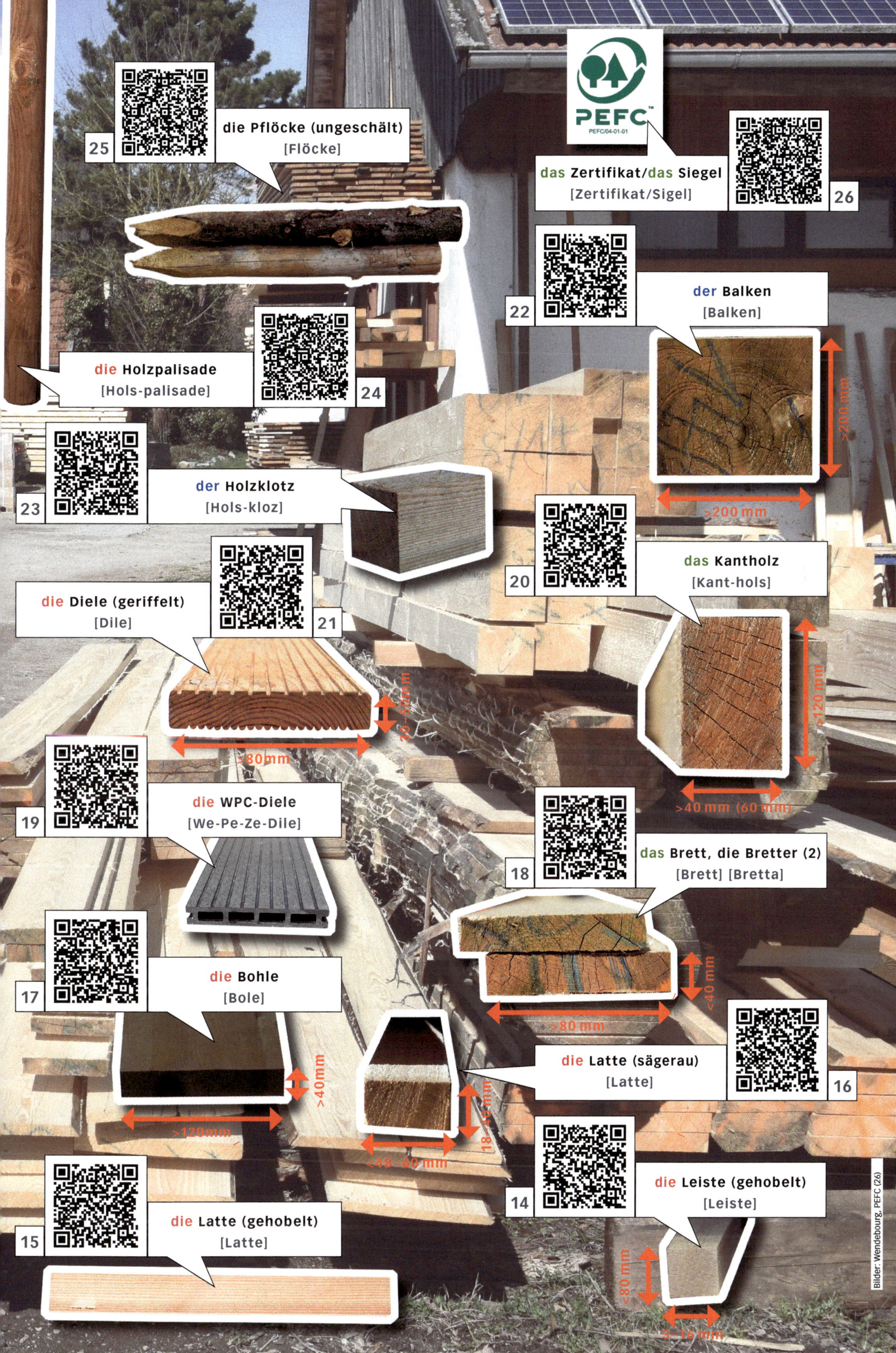

Bilder: Wendebourg, PEFC (26)

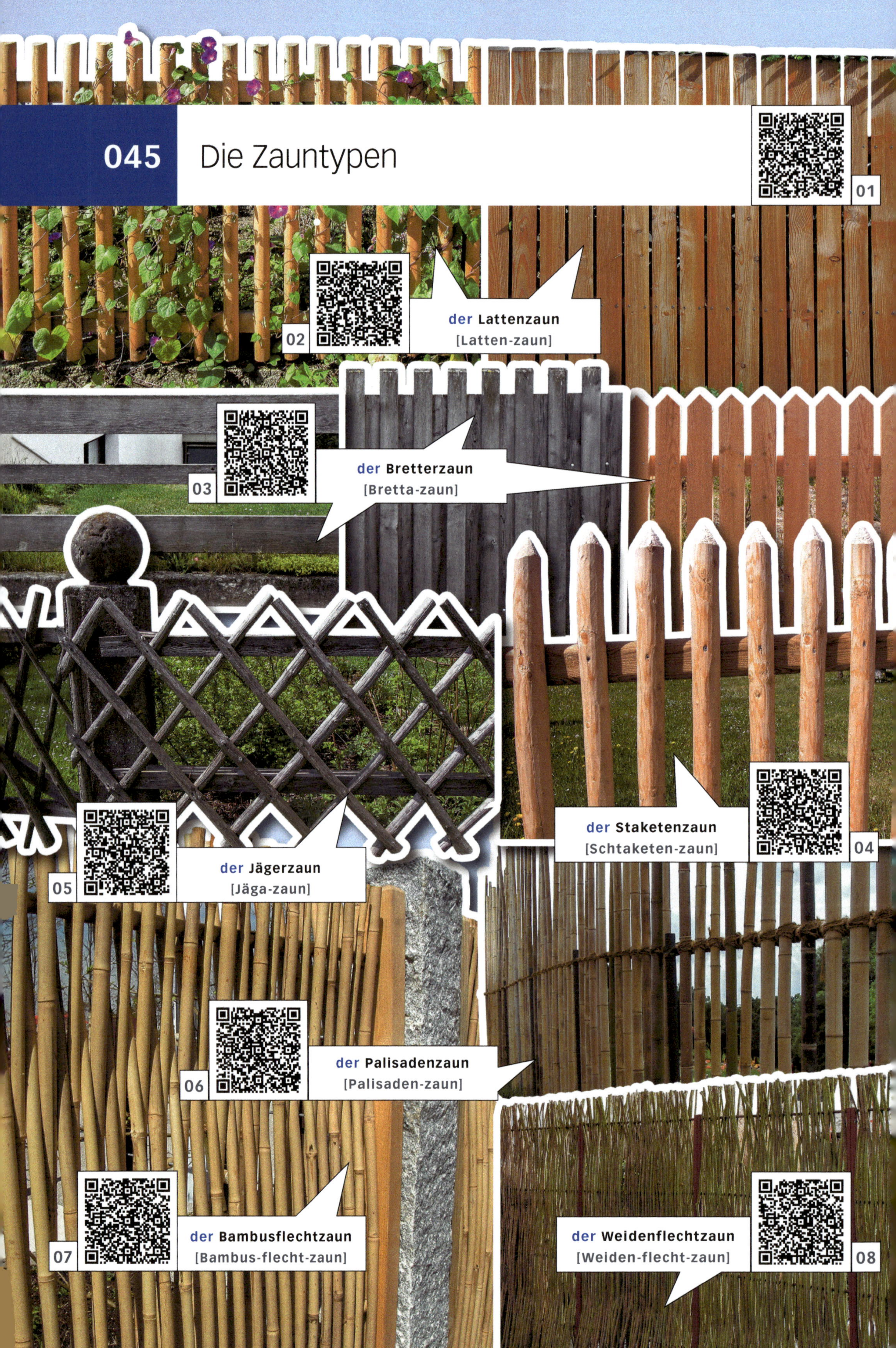
045 Die Zauntypen
01
02
der Lattenzaun
[Latten-zaun]
03
der Bretterzaun
[Bretta-zaun]
der Staketenzaun
[Schtaketen-zaun]
04
05
der Jägerzaun
[Jäga-zaun]
06
der Palisadenzaun
[Palisaden-zaun]
07
der Bambusflechtzaun
[Bambus-flecht-zaun]
der Weidenflechtzaun
[Weiden-flecht-zaun]
08

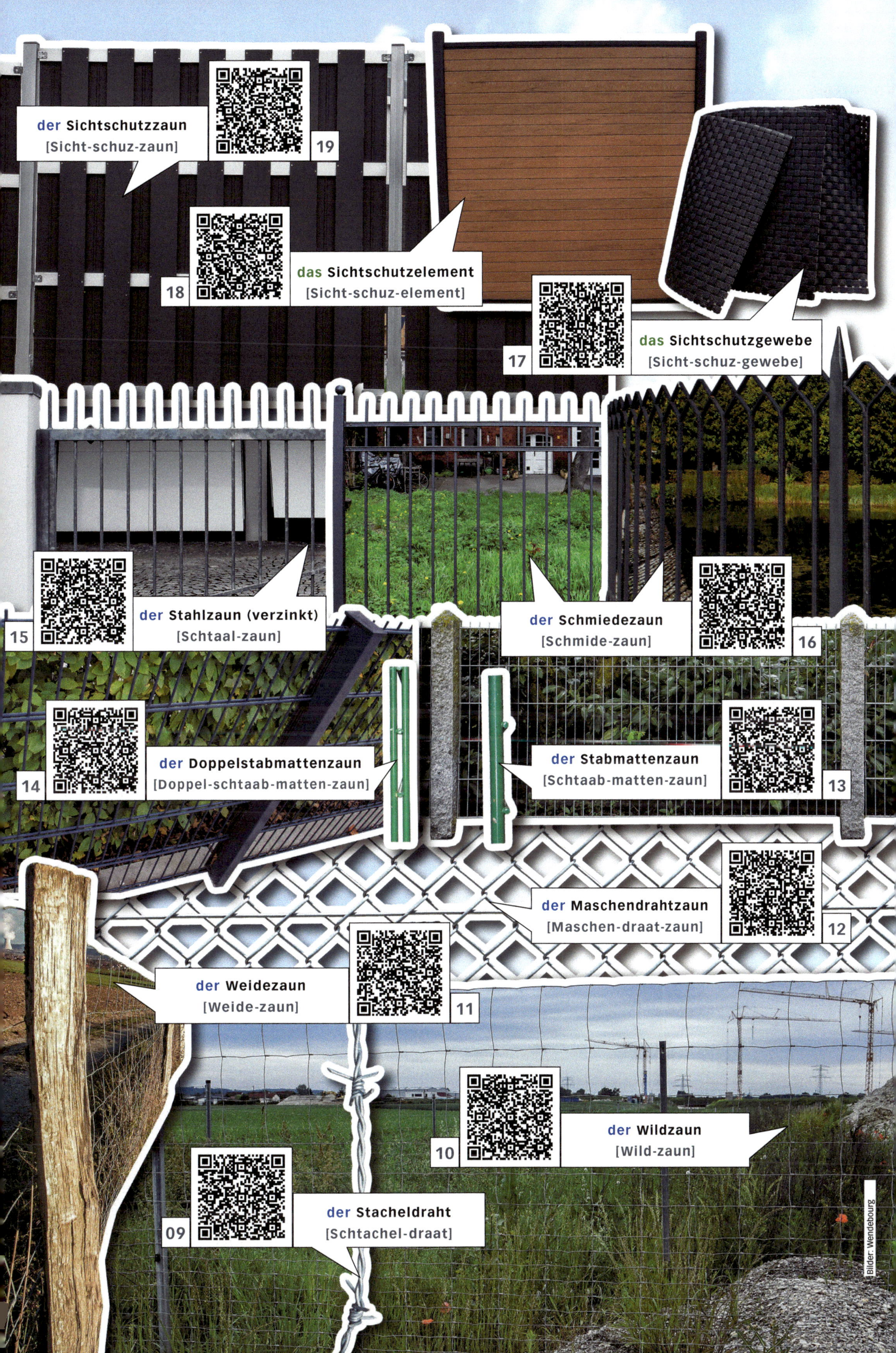
der Sichtschutzzaun
[Sicht-schuz-zaun]
19
18
das Sichtschutzelement
[Sicht-schuz-element]
17
das Sichtschutzgewebe
[Sicht-schuz-gewebe]
15
der Stahlzaun (verzinkt)
[Schtaal-zaun]
der Schmiedezaun
[Schmide-zaun]
16
14
der Doppelstabmattenzaun
[Doppel-schtaab-matten-zaun]
der Stabmattenzaun
[Schtaab-matten-zaun]
13
der Maschendrahtzaun
[Maschen-draat-zaun]
12
der Weidezaun
[Weide-zaun]
11
10
der Wildzaun
[Wild-zaun]
09
der Stacheldraht
[Schtachel-draat]
Bilder: Wendebourg

046 Zäune bauen

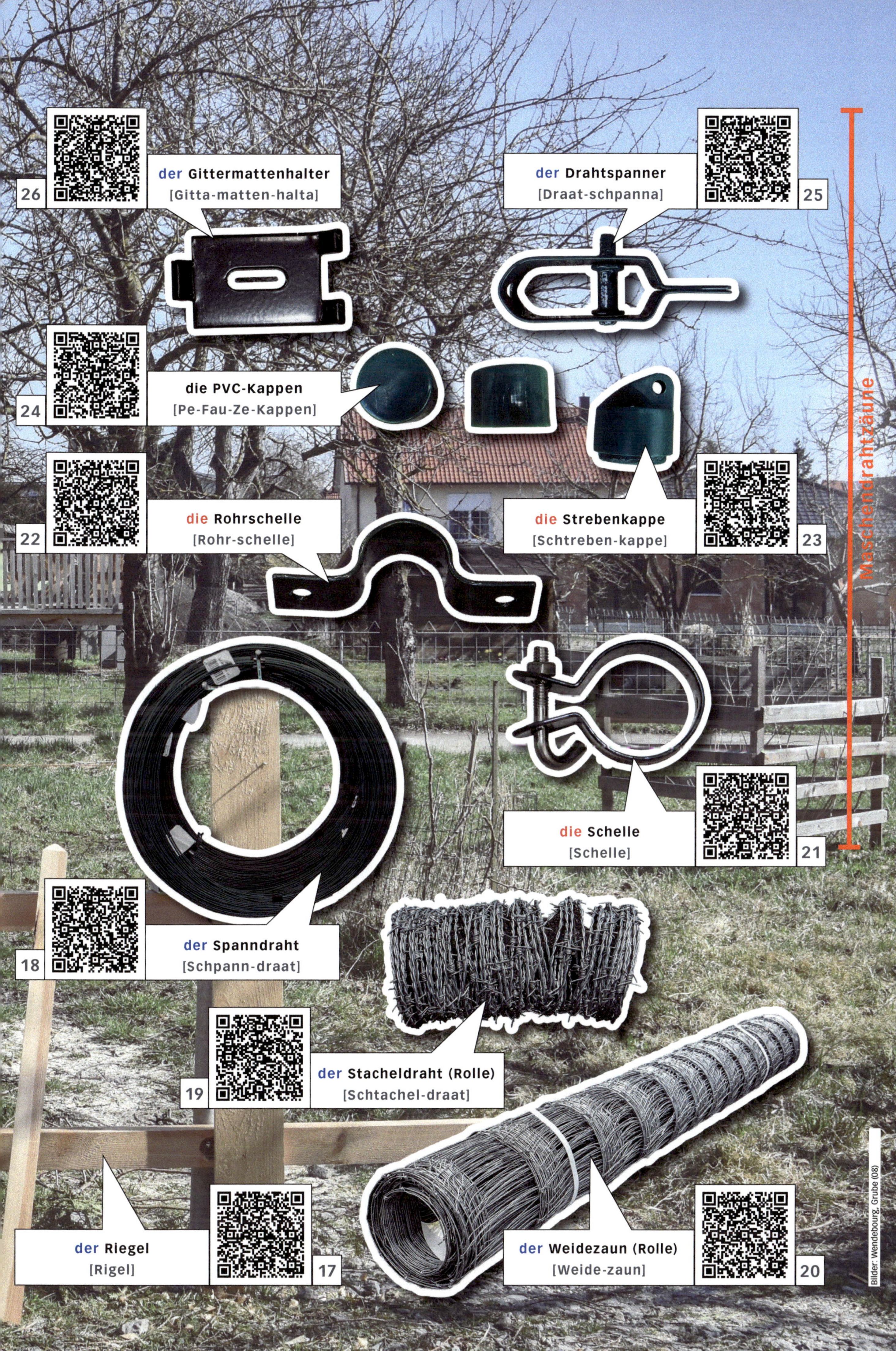
26
der Gittermattenhalter
[Gitta-matten-halta]
der Drahtspanner
[Draat-schpanna]
25
24
die PVC-Kappen
[Pe-Fau-Ze-Kappen]
22
die Rohrschelle
[Rohr-schelle]
die Strebenkappe
[Schtreben-kappe]
23
Maschendrahtzäune
die Schelle
[Schelle]
21
18
der Spanndraht
[Schpann-draat]
19
der Stacheldraht (Rolle)
[Schtachel-draat]
der Riegel
[Rigel]
17
der Weidezaun (Rolle)
[Weide-zaun]
20
Bilder: Wendebourg, Grube (08)

047 Die Holzdecks

die Linsenkopf-Schraube (Torx)
[Linsen-kopf-schraube]
24
die Terrassenschraube (Torx)
[Terrassen-schraube]
23
der Bit (Torx) (1)
[1 Bitt]
22
1
die Kreuzschlitzschraube
[Kreuz-schliz-schraube]
20
die Bits (Schlitz, Kreuzschlitz) (2)
[Bitts]
die Abstandhalter (Kunststoff)
[Abschtand-halta]
17
die Clips (3)
[Klips]
19
18
der Versenker
[Fasenka]
der 8er-Bohrer
[Achta-Bora]
16
die Terrassendiele
[Terrassen-dile]
15
der Stechbeitel (das Stemmeisen)
[Schtech-beitel]
14
makita
der Akku-Schrauber
[Acku-Schrauba]
13
der Kuhfuß
[Kufuss]
12
Bilder: Wendebourg

048 Holz bearbeiten

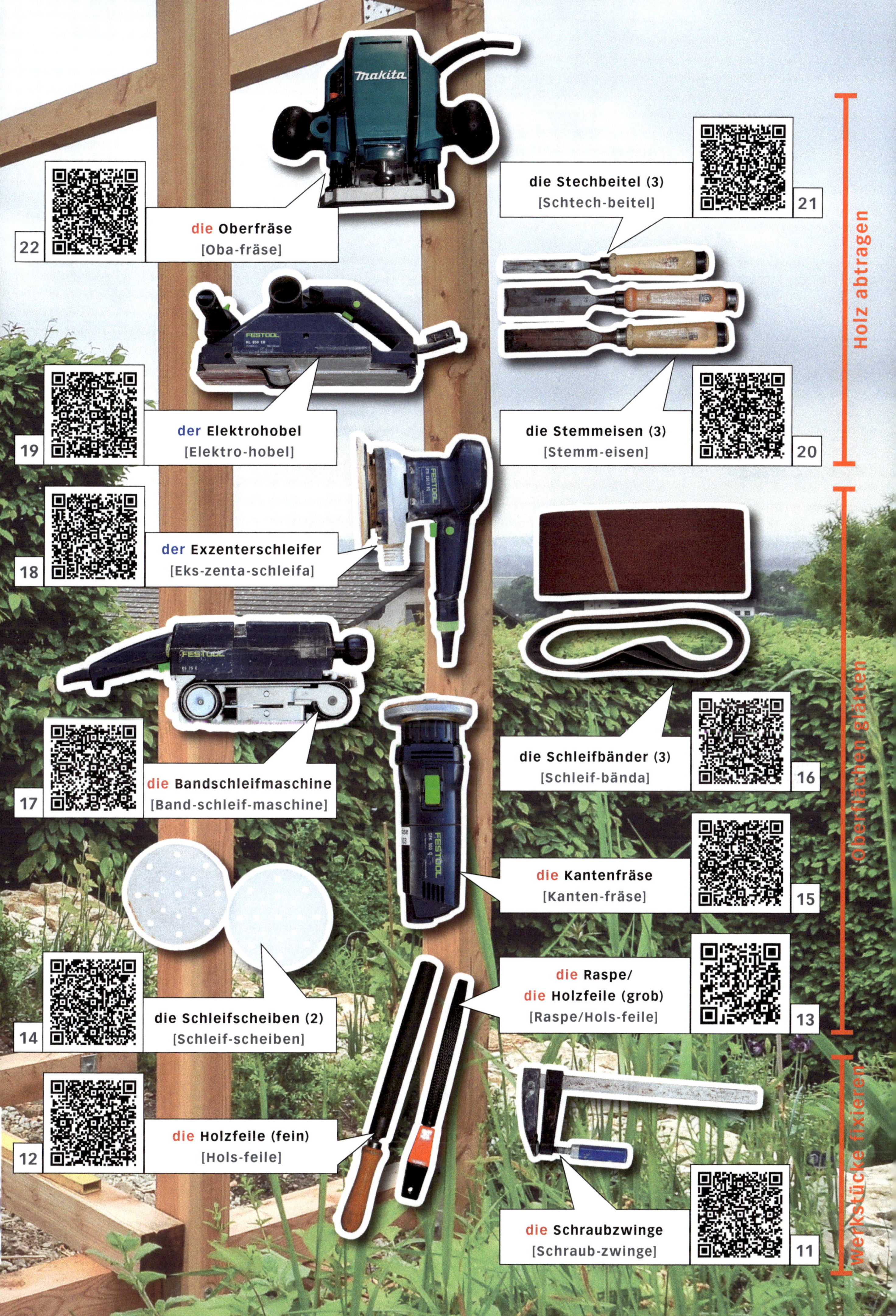

22
die Oberfräse
[Oba-fräse]
21
die Stechbeitel (3)
[Schtech-beitel]
19
der Elektrohobel
[Elektro-hobel]
20
die Stemmeisen (3)
[Stemm-eisen]
18
der Exzenterschleifer
[Eks-zenta-schleifa]
17
die Bandschleifmaschine
[Band-schleif-maschine]
16
die Schleifbänder (3)
[Schleif-bända]
15
die Kantenfräse
[Kanten-fräse]
14
die Schleifscheiben (2)
[Schleif-scheiben]
13
die Raspe/
die Holzfeile (grob)
[Raspe/Hols-feile]
12
die Holzfeile (fein)
[Hols-feile]
11
die Schraubzwinge
[Schraub-zwinge]
Holz abtragen
Oberflächen glätten
Werkstücke fixieren

049 Holz anstreichen

Bilder: Wendebourg

050 Holz bearbeiten (Verben)

02 (Diele) sägen
[sägen]

03 (Schnitt) markieren
[makiren]

04 (Diele) einpassen
[ein-passen]

05 (Clips) befestigen
[be-festigen]

06 (Abstand) prüfen
[prüfen]

07 (Enden) kappen
[kappen]

08 (Schrauben) eindrehen
[ein-drehn]

09 (Abstand) fixieren
[fiksiren]

10 (Löcher) vorbohren
[vor-boren]

11 (Profile) festschrauben
[fest-schrauben]

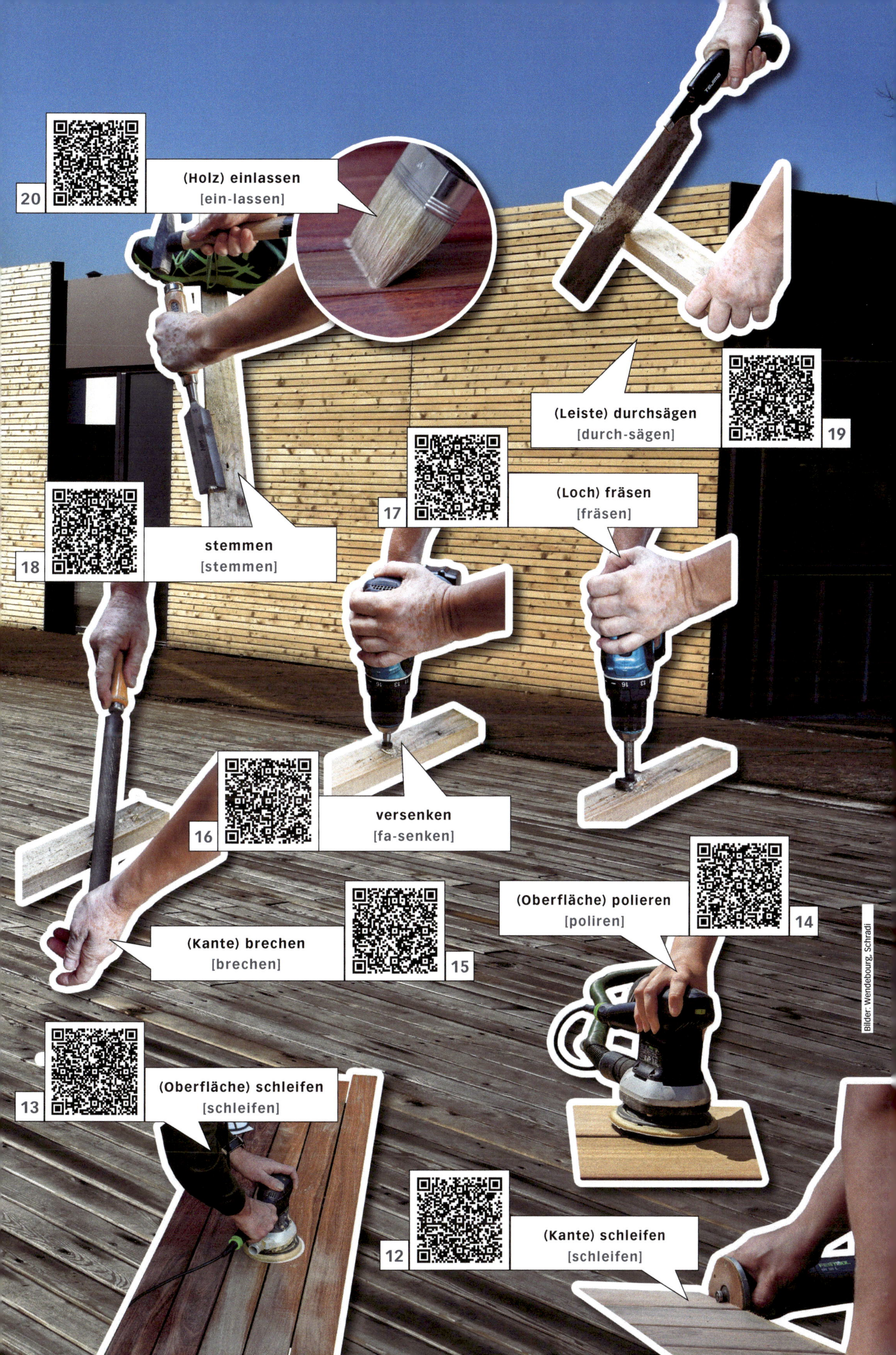
20
(Holz) einlassen
[ein-lassen]
19
(Leiste) durchsägen
[durch-sägen]
18
stemmen
[stemmen]
17
(Loch) fräsen
[fräsen]
16
versenken
[fa-senken]
15
(Kante) brechen
[brechen]
14
(Oberfläche) polieren
[poliren]
13
(Oberfläche) schleifen
[schleifen]
12
(Kante) schleifen
[schleifen]
Bilder: Wendebourg, Schradi

051
Metall verarbeiten
01
Bleche
das Lochblech
[Loch-blech]
03
die Blechschrauben (2)
[Blech-schrauben]
02
das Riffelblech
[Riffel-blech]
04
das Tränenblech
[Tränen-blech]
05
07
der Stahldraht
[Staal-draat]
das Kupferblech
[Kupfa-blech]
06
die Schweißermaske
[Schweissa-maske]
08
10
die Schweißelektrode
[Schweiss-elektrode]
11
der Schweißdraht
[Schweiss-draat]
09
das Schweißgerät
[Schweiss-gerät]
12
die Masseklemme
[Masse-klemme]
13
die Schraubringbrille
[Schraub-ring-brille]
der Schlackehammer
[Schlacke-hamma]
14

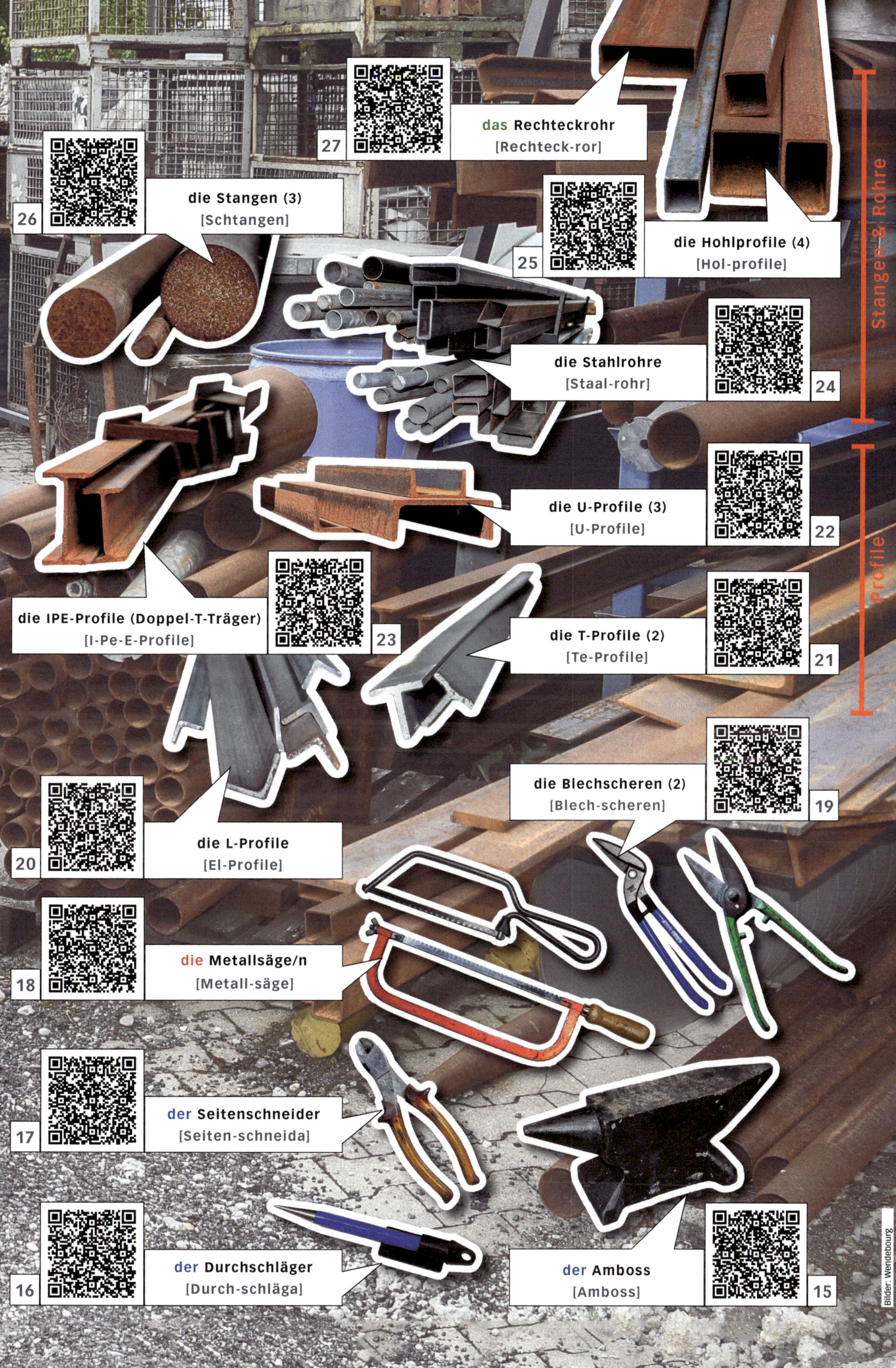
27
das Rechteckrohr
[Rechteck-ror]
26
die Stangen (3)
[Schtangen]
25
die Hohlprofile (4)
[Hol-profile]
Stangen & Rohre
die Stahlrohre
[Staal-rohr]
24
die U-Profile (3)
[U-Profile]
22
die IPE-Profile (Doppel-T-Träger)
[I-Pe-E-Profile]
23
die T-Profile (2)
[Te-Profile]
21
Profile
die Blechscheren (2)
[Blech-scheren]
19
20
die L-Profile
[El-Profile]
18
die Metallsäge/n
[Metall-säge]
17
der Seitenschneider
[Seiten-schneida]
16
der Durchschläger
[Durch-schläga]
der Amboss
[Amboss]
15
Bilder: Wendebourg

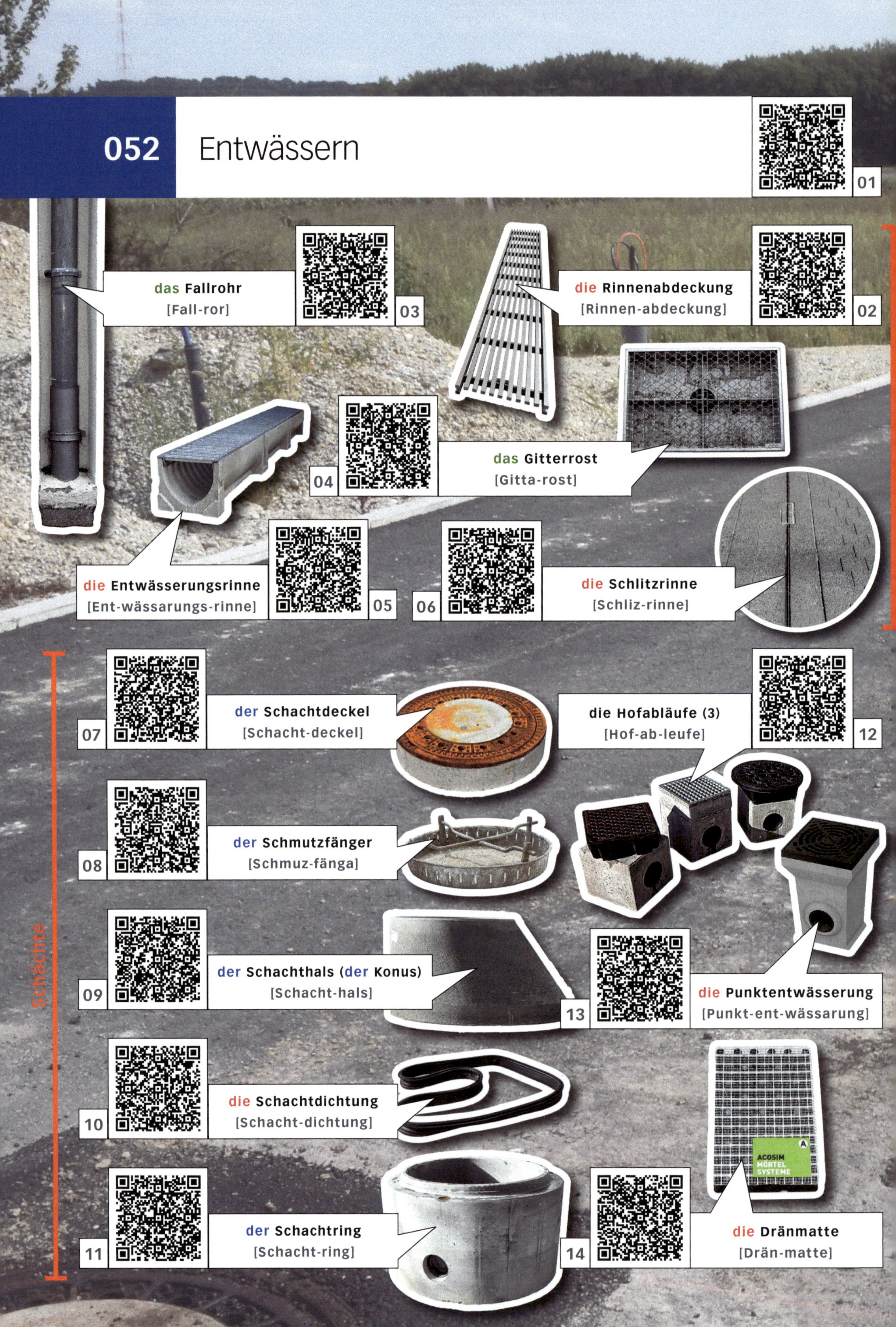
052 Entwässern
01
das Fallrohr
[Fall-ror]
03
die Rinnenabdeckung
[Rinnen-abdeckung]
02
04
das Gitterrost
[Gitta-rost]
die Entwässerungsrinne
[Ent-wässarungs-rinne]
05
06
die Schlitzrinne
[Schliz-rinne]
Schächte
07
der Schachtdeckel
[Schacht-deckel]
die Hofabläufe (3)
[Hof-ab-leufe]
12
08
der Schmutzfänger
[Schmuz-fänga]
09
der Schachthals (der Konus)
[Schacht-hals]
13
die Punktentwässerung
[Punkt-ent-wässarung]
10
die Schachtdichtung
[Schacht-dichtung]
ACOSIM
MÖRTEL
SYSTEME
11
der Schachtring
[Schacht-ring]
14
die Dränmatte
[Drän-matte]

28
die Kunststoffrohre (6)
[Kunschtoff-rohre]
der KG-Abzweig
[Ka-Ge-Abzweig]
27
der KG-Bogen
[Ka-Ge-Bogen]
26
das Betonrohr
[Betong-ror]
25
24
das Steinzeugrohr
[Schteinzeug-ror]
23
das Steinzeugrohr (Bogen)
[Schteinzeug-ror]
22
der Regenwassertank
[Regen-wassa-tank]
Rohre
der Abdeckrost
[Abdeck-rost]
18
der/die Schlitzeimer (2)
[Schliz-eima]
17
der Schaft
[Schaft]
16
21
die Rigolentunnel (3)
[Rigolen-tunnel]
20
das Regenwasserfass
[Regen-wassa-fass]
der Boden
[Boden]
15
19
die Rigolenbox
[Rigolen-boks]
Regenwasser speichern/versickern

053 Verdichten

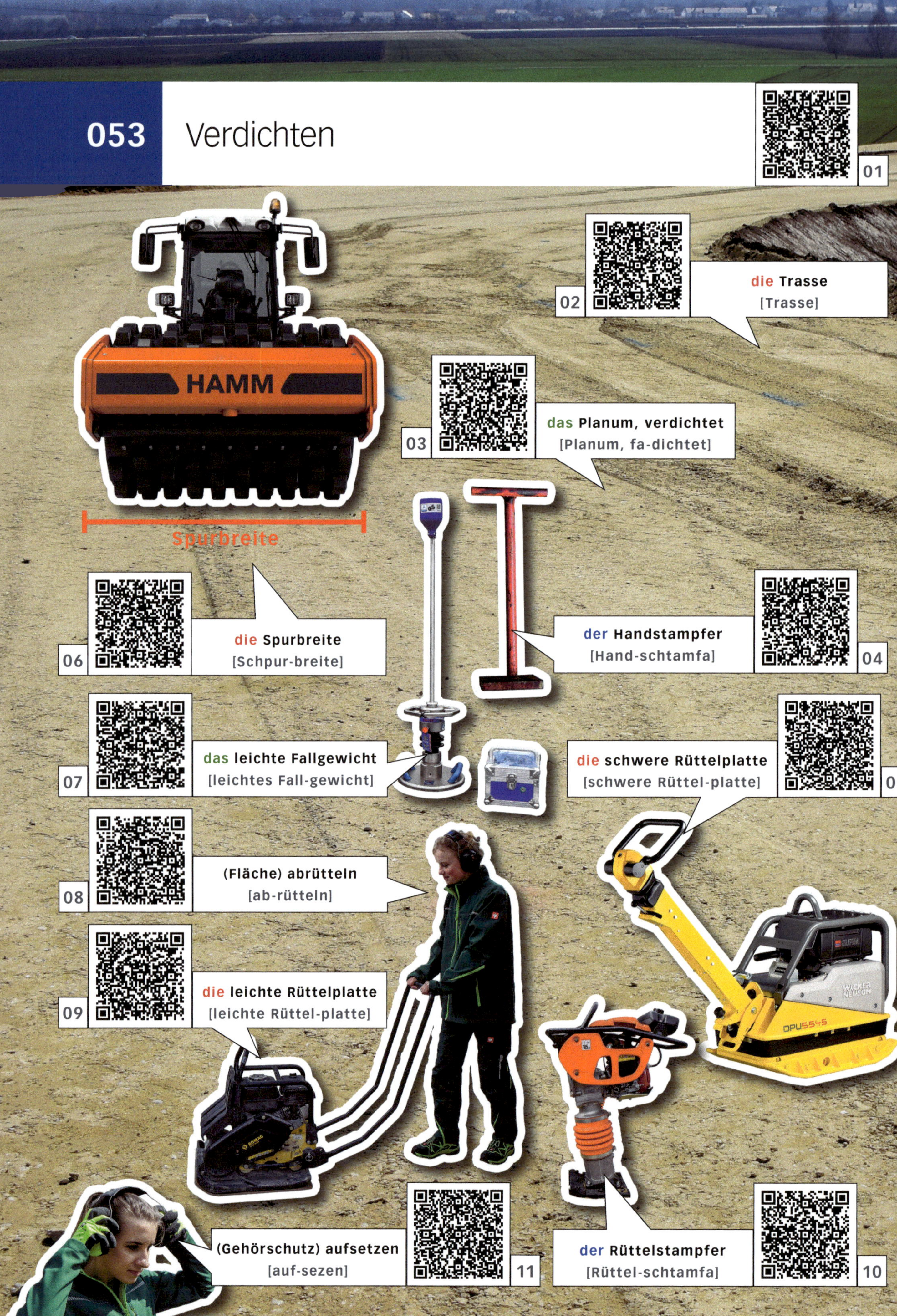

Bilder: Wendebourg, Wacker Neuson (05), Hamm (06, 17, 20), Brandl (19)

054 Asphalt und andere Beläge einbauen

01

die Gummiradwalze
[Gummi-rad-walze]
02

die Spritzmaschine
[Schpriz-maschine]
03

04
die Rüttelplatte
[Rüttel-platte]

der Walzenzug
[Walzen-zug]
05

06
die Tandemwalze
[Tandem-walze]

die wassergebundene Decke
[wassa-gebundene Decke]

07

08
(kunststoffgebundene Drändecke) glätten
[glätten]

(Mineralgemisch) verteilen
[fa-teilen]

09

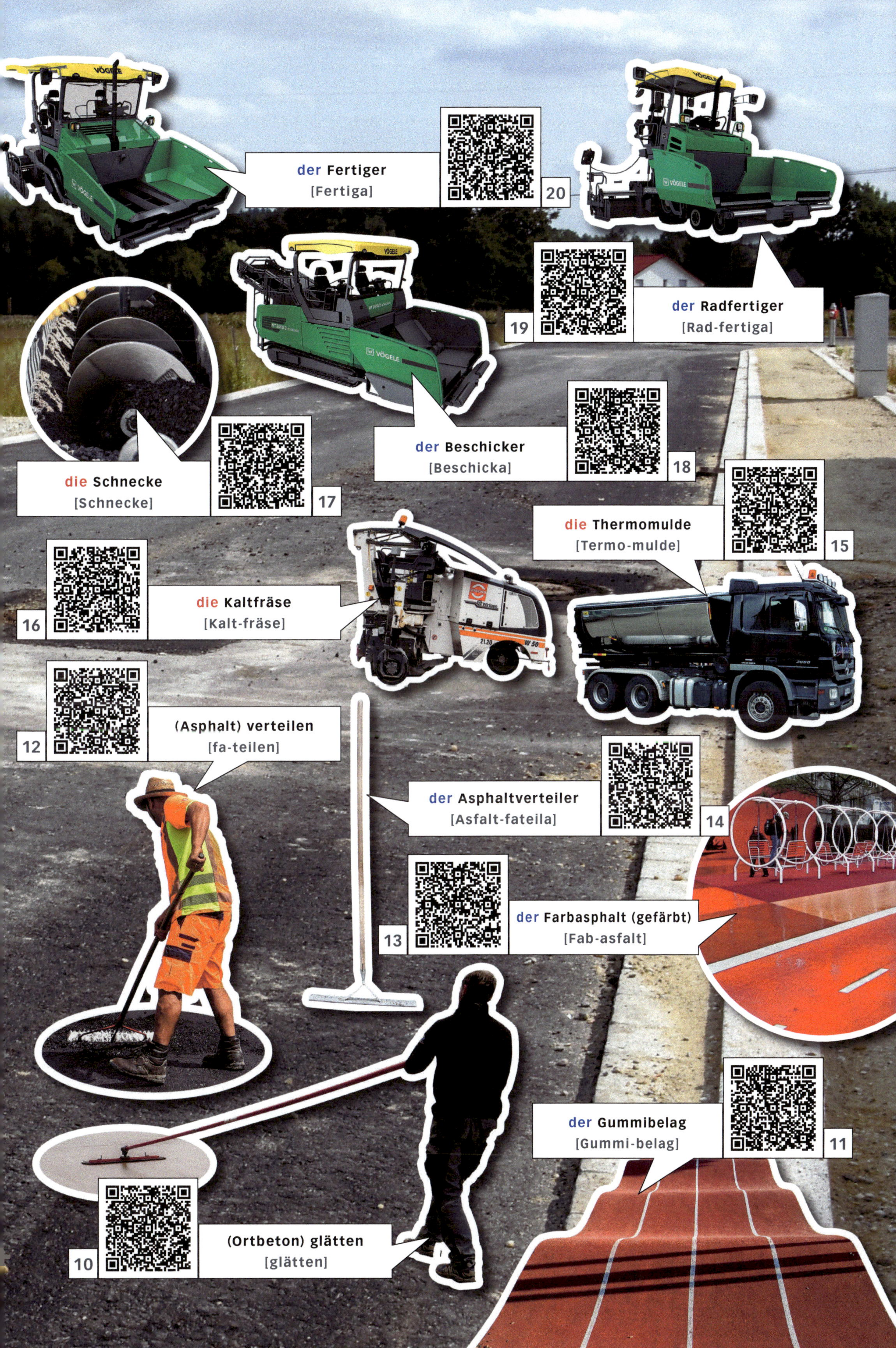
der Fertiger
[Fertiga]
20
der Radfertiger
[Rad-fertiga]
19
der Beschicker
[Beschicka]
18
die Schnecke
[Schnecke]
17
die Thermomulde
[Termo-mulde]
15
die Kaltfräse
[Kalt-fräse]
16
(Asphalt) verteilen
[fa-teilen]
12
der Asphaltverteiler
[Asfalt-fateila]
14
der Farbasphalt (gefärbt)
[Fab-asfalt]
13
der Gummibelag
[Gummi-belag]
11
(Ortbeton) glätten
[glätten]
10
VÖGELE

055 Die Baustoffe für Steinbeläge

Bilder: Wendebourg, braun steine (14, 15, 22), Arena (15), Avantgardeners (20), Dormann (20)

056 Kanten setzen

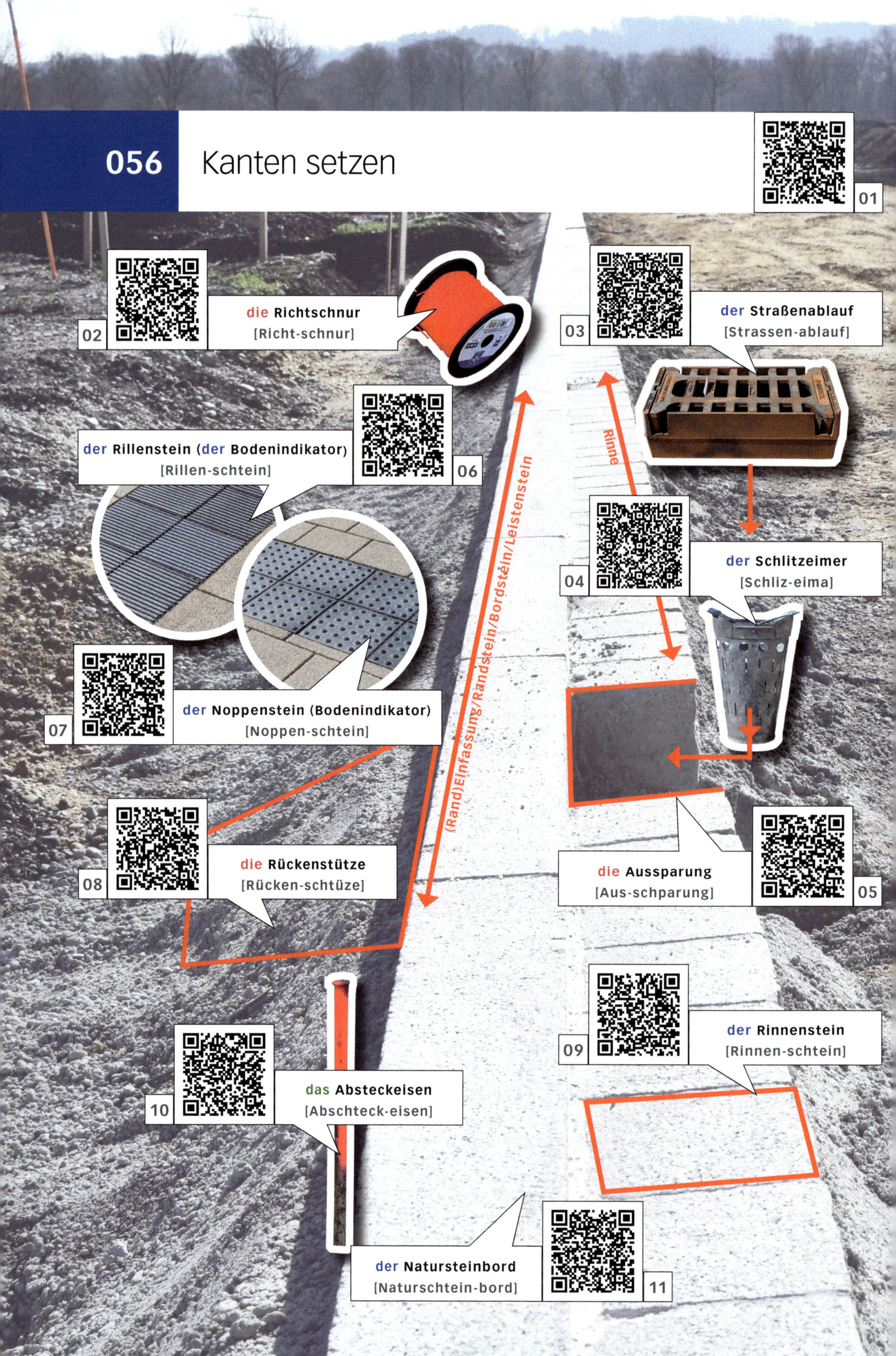

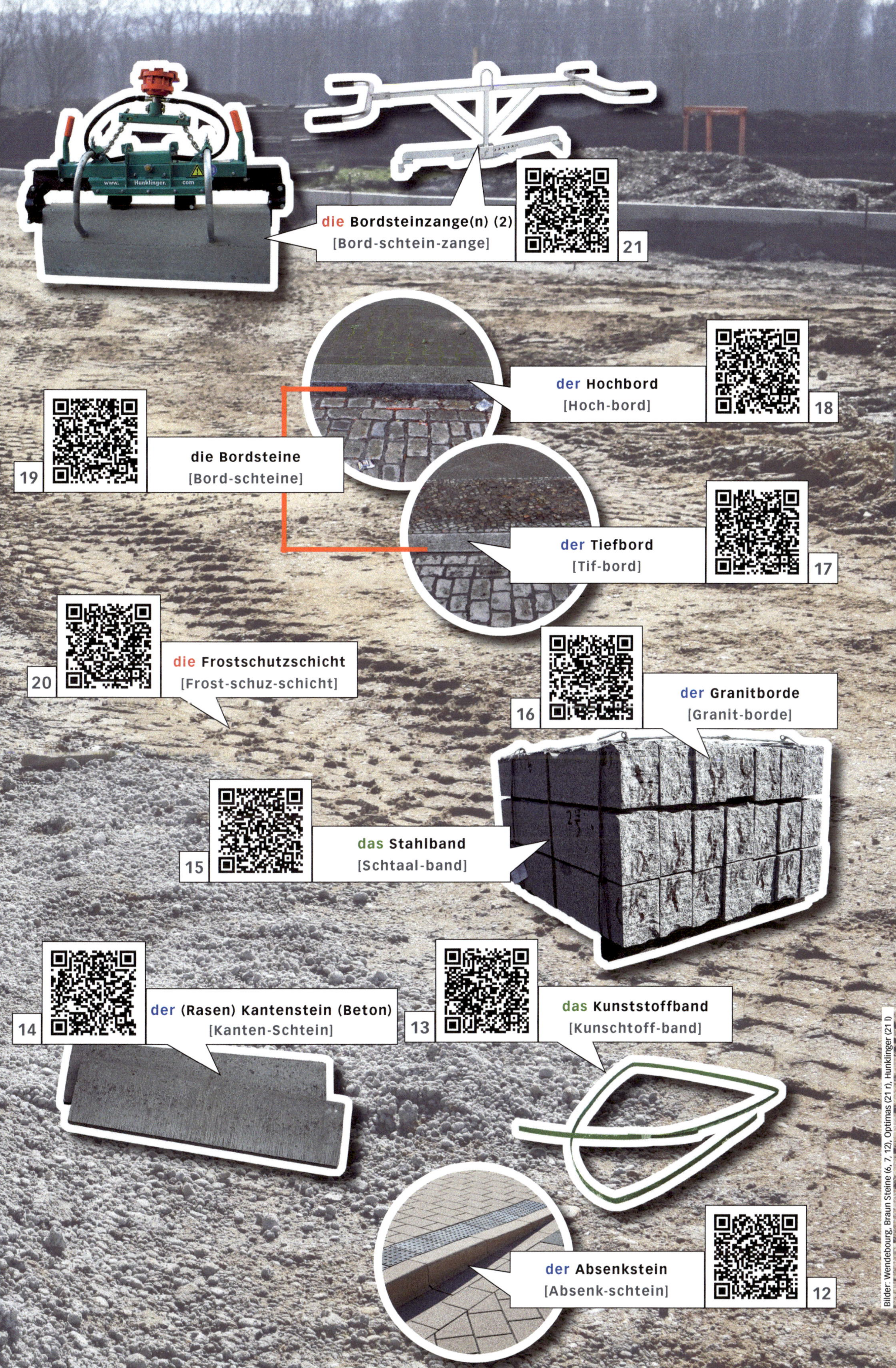
die Bordsteinzange(n) (2)
[Bord-schtein-zange]
21
der Hochbord
[Hoch-bord]
18
19
die Bordsteine
[Bord-schteine]
der Tiefbord
[Tif-bord]
17
20
die Frostschutzschicht
[Frost-schuz-schicht]
16
der Granitborde
[Granit-borde]
15
das Stahlband
[Schtaal-band]
14
der (Rasen) Kantenstein (Beton)
[Kanten-Schtein]
13
das Kunststoffband
[Kunschtoff-band]
der Absenkstein
[Absenk-schtein]
12
Bilder: Wendebourg, Braun Steine (6, 7, 12), Optimas (21 r), Hunklinger (21 l)

057 Natursteine versetzen

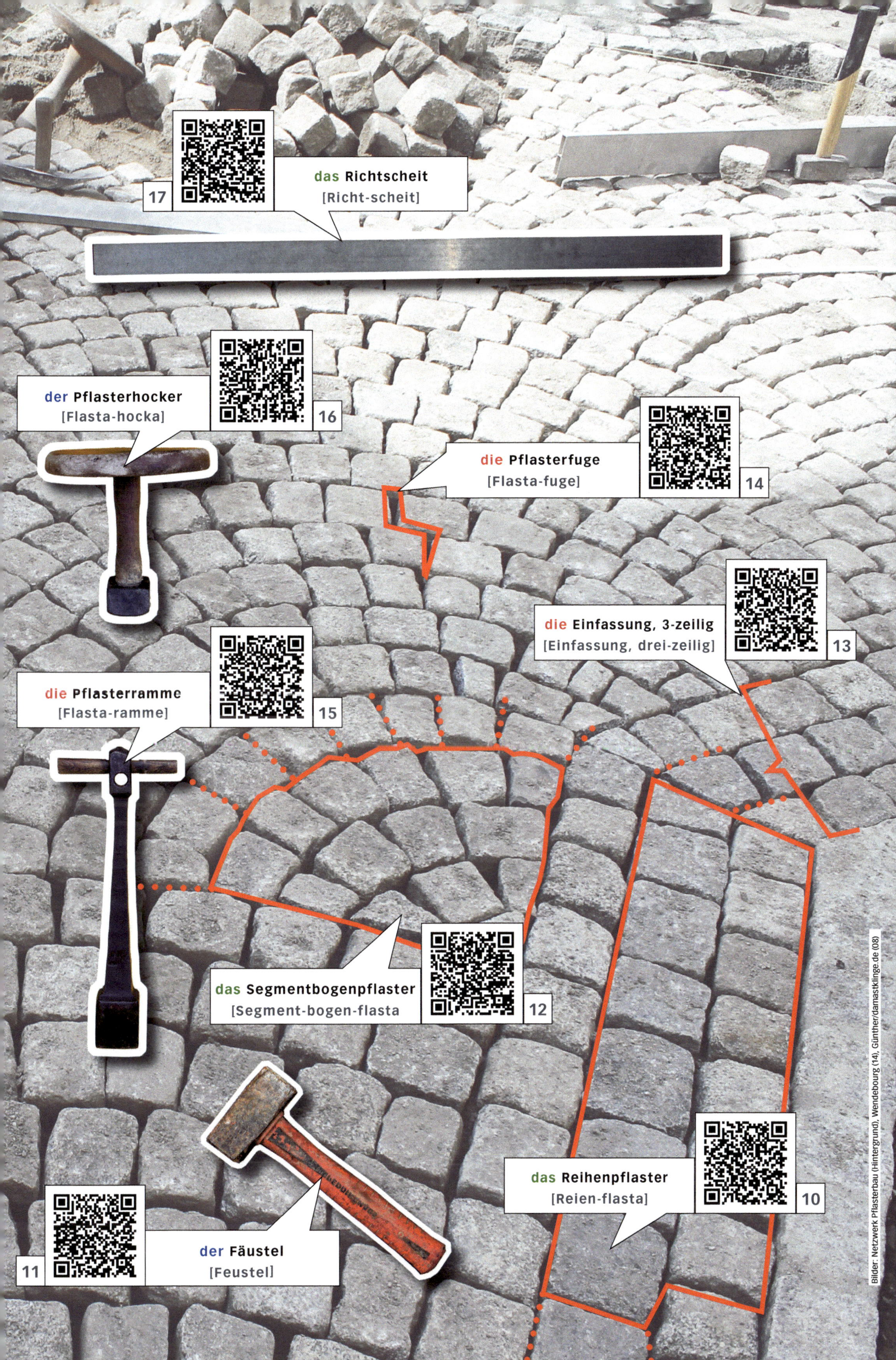

Bilder: Netzwerk Pflasterbau (Hintergrund), Wendebourg (14), Günther/damastklinge.de (08)

058 Pflaster legen

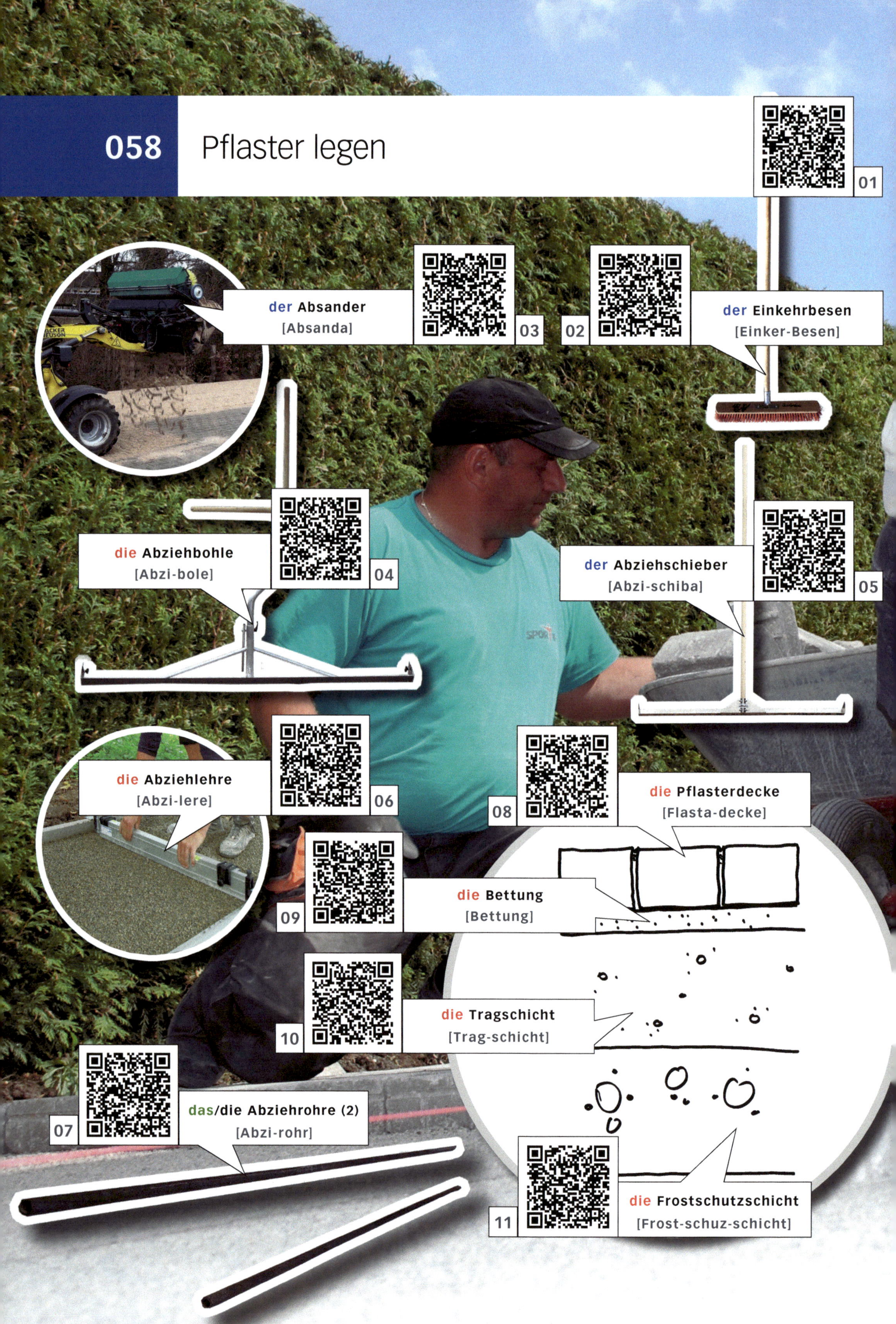

Bilder: Wendebourg, Hunklinger (3, 21), Rabo (6)

059 Platten legen

Bilder: Wendebourg (11), Romex (2), Huber (3)

060 Fliesen und gebundene Pflasterbeläge

01

die Frostschutzschicht
[Frost-schuz-schicht] 02

03 der Pflasterfugenmörtel
[Flasta-fugen-mörtel]

der Drän-/ Estrichmörtel
[Drän-/ Estrich-mörtel] 04

05 der Trasszementmörtel
[Trass-zement-mörtel]

die Schneeballprobe
[Schnee-ball-probe] 07

die Dränmatte
[Drän-matte] 08

der Mittelbettmörtel
[Mittel-bett-mörtel] 06

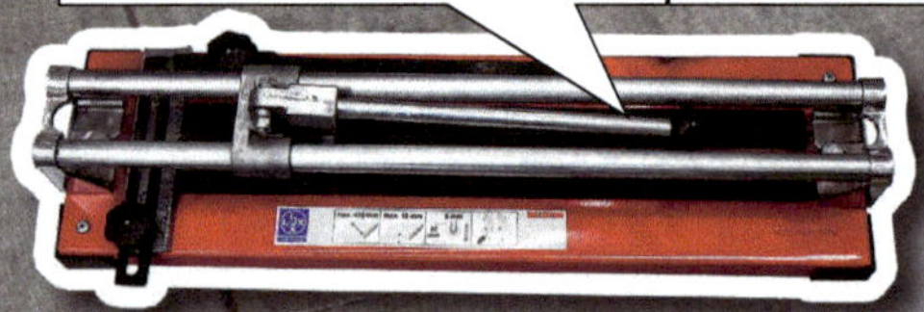

der Fliesenschneider
[Flisen-schneida] 09

die Bettungsbewehrung
[Bettungs-bewerung] 10

das/die Fugenkreuz/e
[Fugen-kreuze] 11

12 die Feinsteinzeugplatte
[Fein-schteinzeug-platte]

die Fliese/n (3)
[Flisen] 13

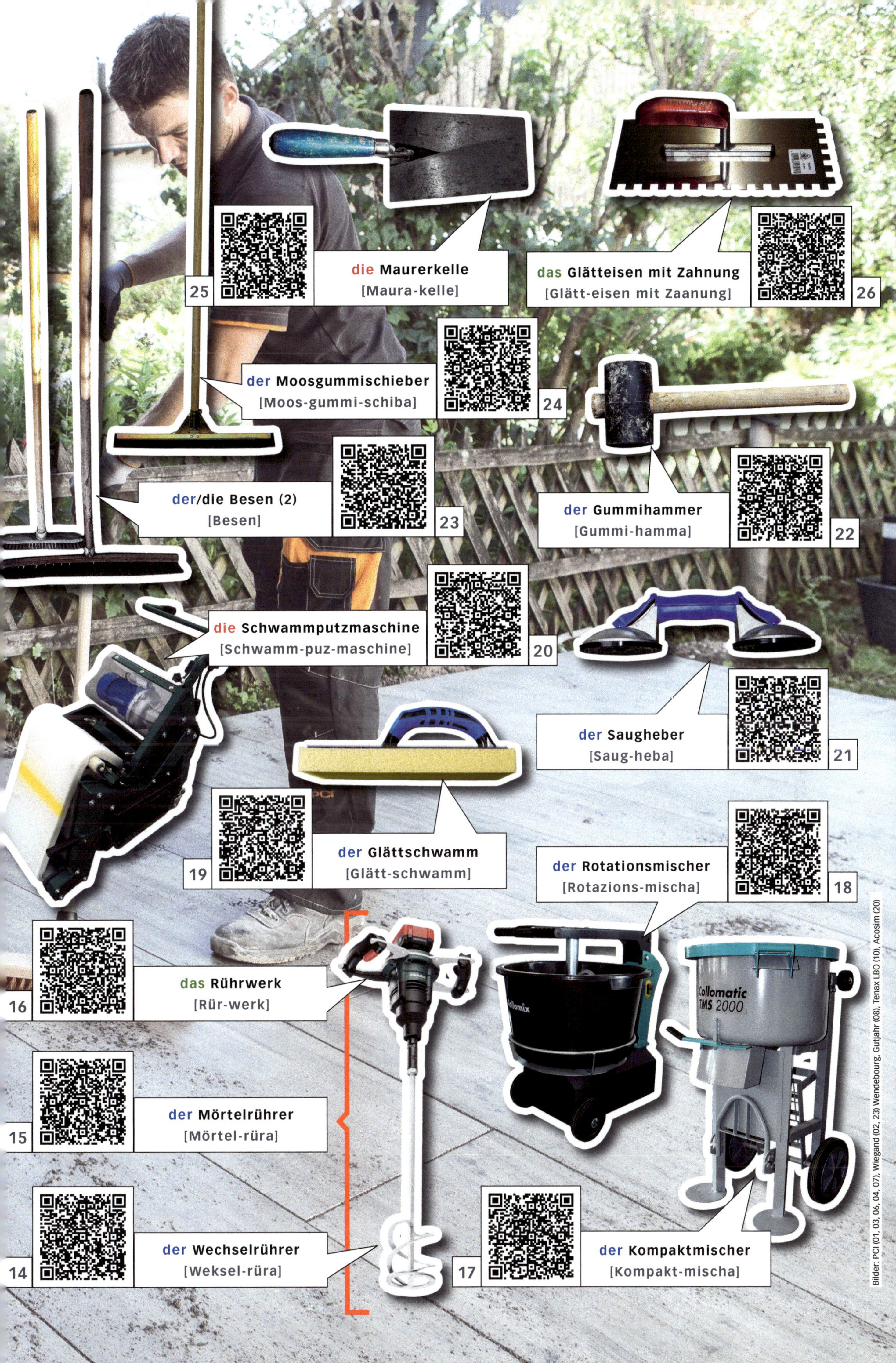
25
die Maurerkelle
[Maura-kelle]
das Glätteisen mit Zahnung
[Glätt-eisen mit Zaanung]
26
der Moosgummischieber
[Moos-gummi-schiba]
24
der/die Besen (2)
[Besen]
23
der Gummihammer
[Gummi-hamma]
22
die Schwammputzmaschine
[Schwamm-puz-maschine]
20
der Saugheber
[Saug-heba]
21
19
der Glättschwamm
[Glätt-schwamm]
der Rotationsmischer
[Rotazions-mischa]
18
16
das Rührwerk
[Rür-werk]
15
der Mörtelrührer
[Mörtel-rüra]
14
der Wechselrührer
[Weksel-rüra]
17
der Kompaktmischer
[Kompakt-mischa]
Collomatic
TMS 2000
Bilder: PCI (01, 03, 06, 04, 07), Wiegand (02, 23) Wendebourg, Gutjahr (08), Tenax LBO (10), Acosim (20)

061 Pflaster- und Plattenbeläge erstellen

Bilder: Wendebourg, Wiegand (18)

062 Treppen bauen

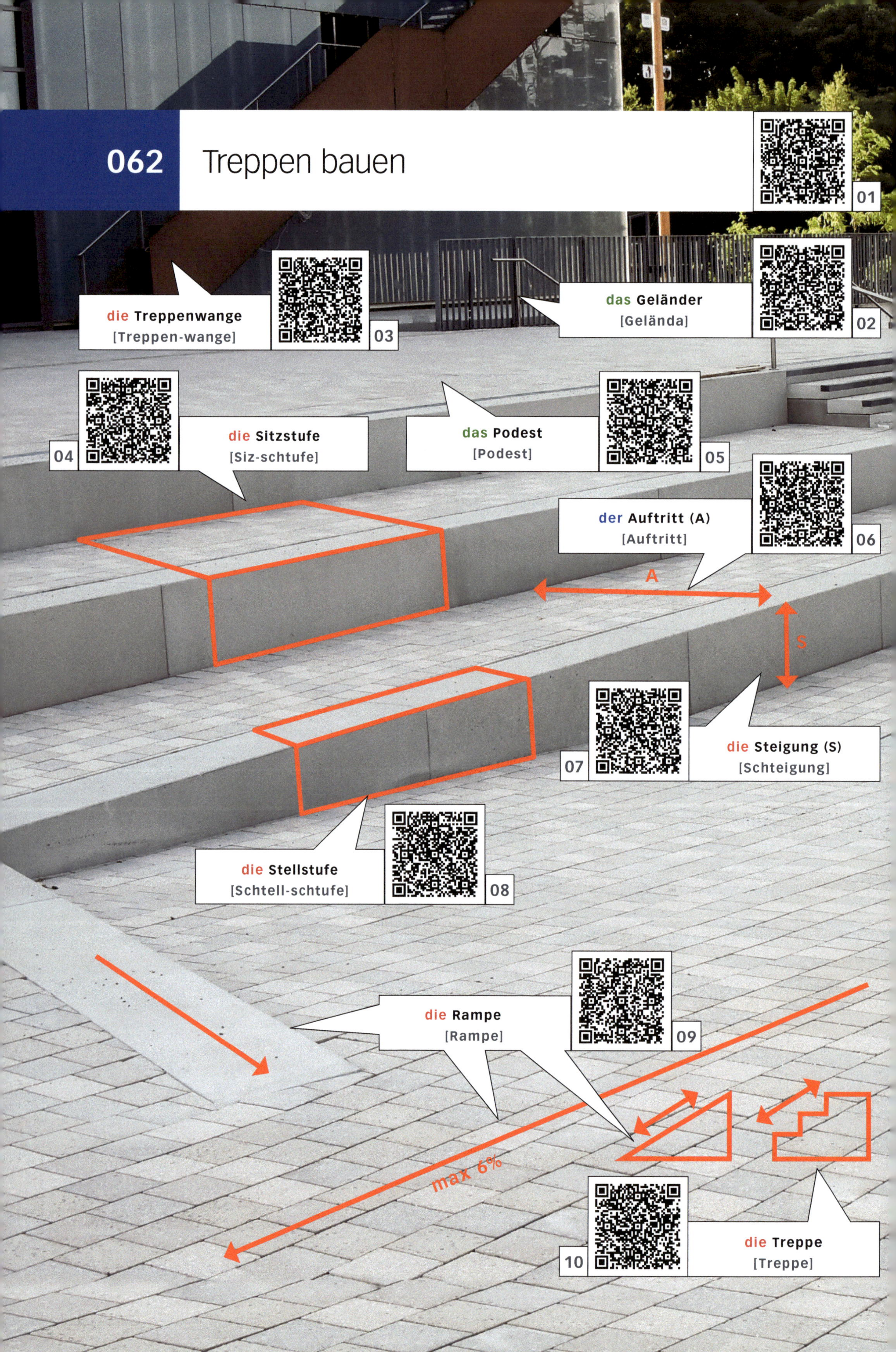

Bilder: Wendebourg

063 Die Schwimmteiche und Naturpools

01

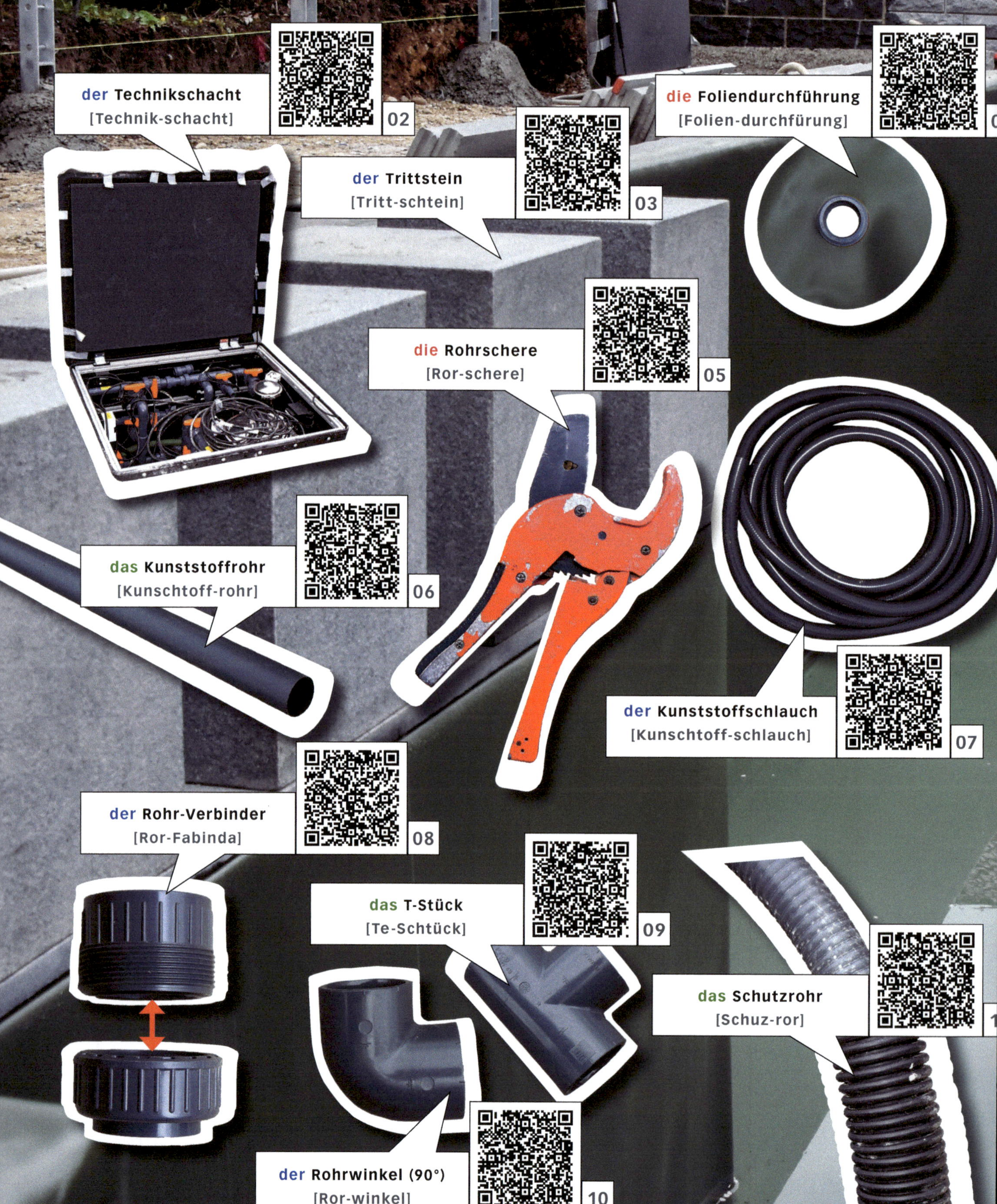

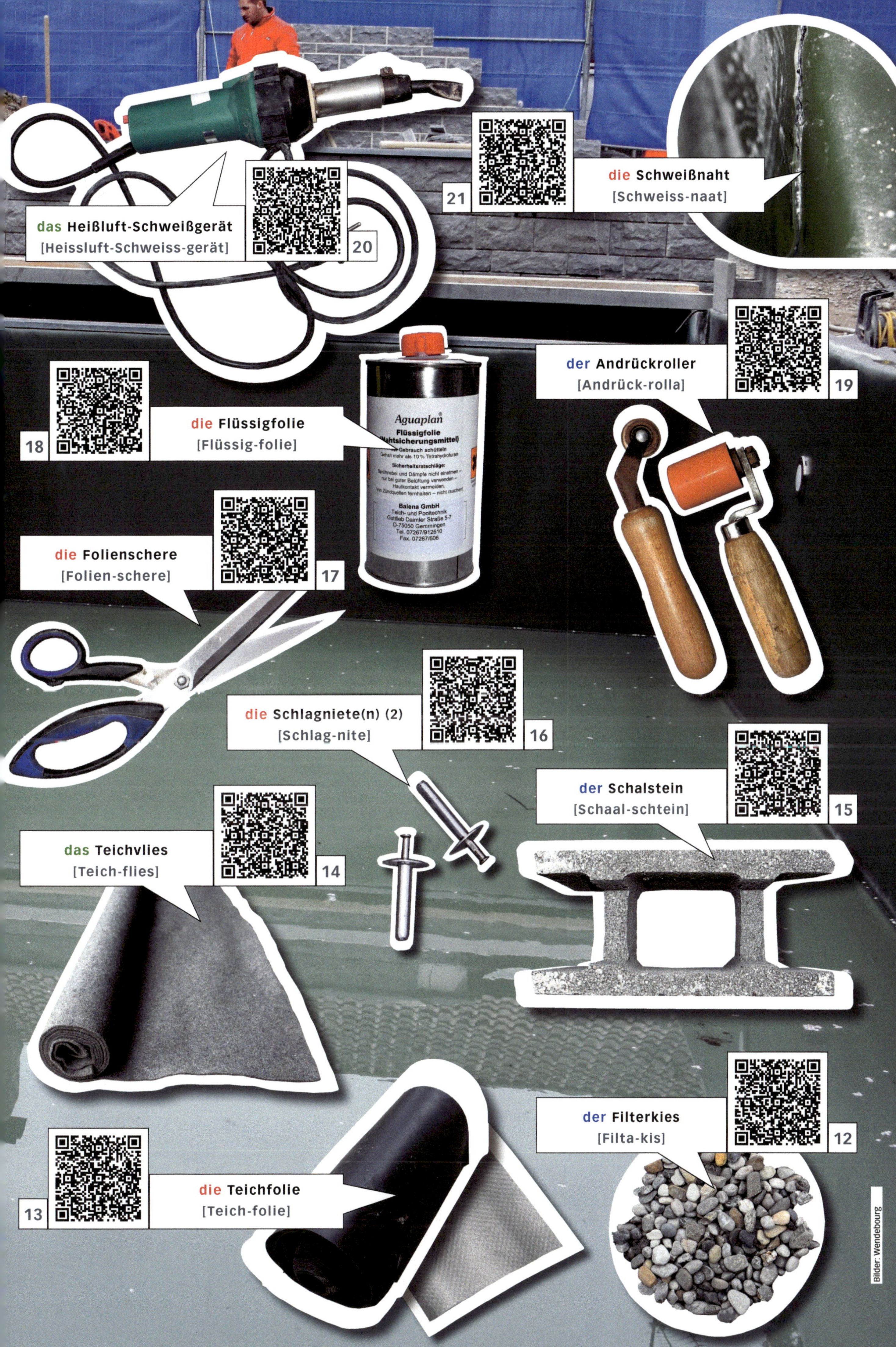
das Heißluft-Schweißgerät
[Heissluft-Schweiss-gerät]
20
21
die Schweißnaht
[Schweiss-naat]
der Andrückroller
[Andrück-rolla]
19
18
die Flüssigfolie
[Flüssig-folie]
Aquaplan
Flüssigfolie
die Folienschere
[Folien-schere]
17
die Schlagniete(n) (2)
[Schlag-nite]
16
der Schalstein
[Schaal-schtein]
15
das Teichvlies
[Teich-flies]
14
der Filterkies
[Filta-kis]
12
13
die Teichfolie
[Teich-folie]
Bilder: Wendebourg

064 Teiche und Pools bauen

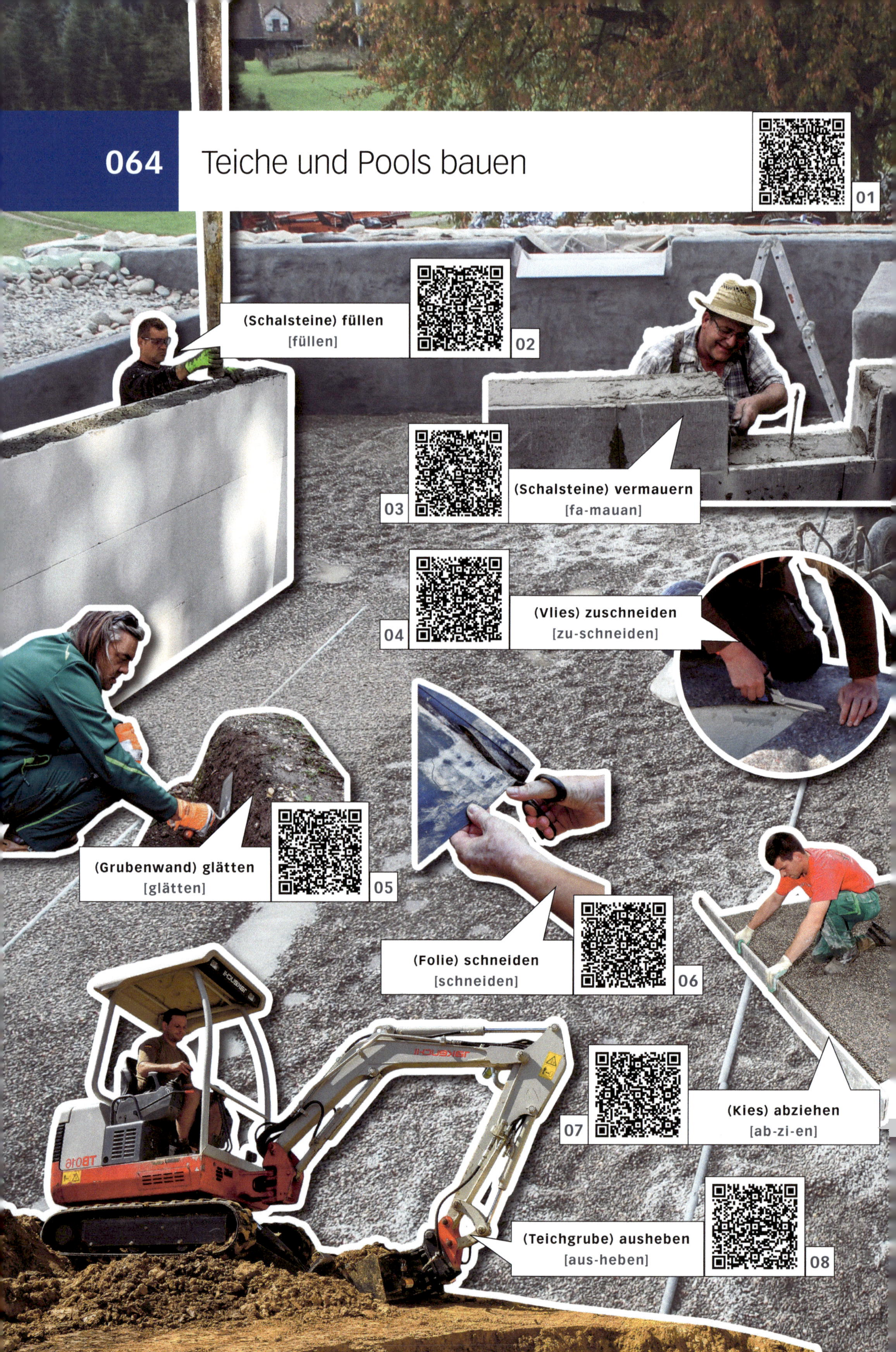

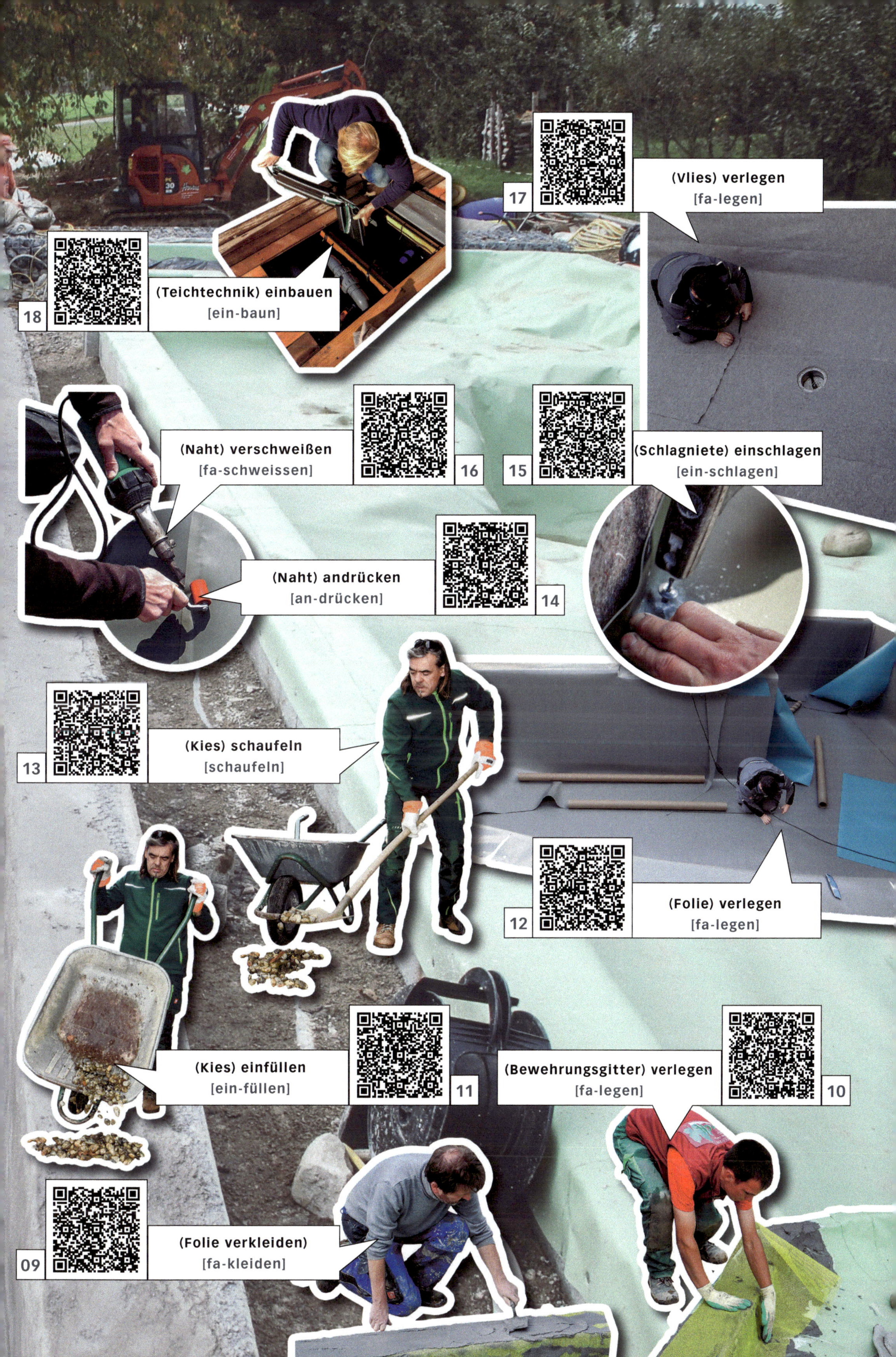

17
(Vlies) verlegen
[fa-legen]
18
(Teichtechnik) einbauen
[ein-baun]
16
(Naht) verschweißen
[fa-schweissen]
15
(Schlagniete) einschlagen
[ein-schlagen]
14
(Naht) andrücken
[an-drücken]
13
(Kies) schaufeln
[schaufeln]
12
(Folie) verlegen
[fa-legen]
11
(Kies) einfüllen
[ein-füllen]
10
(Bewehrungsgitter) verlegen
[fa-legen]
09
(Folie verkleiden)
[fa-kleiden]

065 Dachbegrünung/Gründächer

Bilder: Wendebourg, ZinCo (02, 03, 05 bis 08, 16, 17, 19, 20), Gutjahr (22)

066 Vegetationsflächen vorbereiten

01

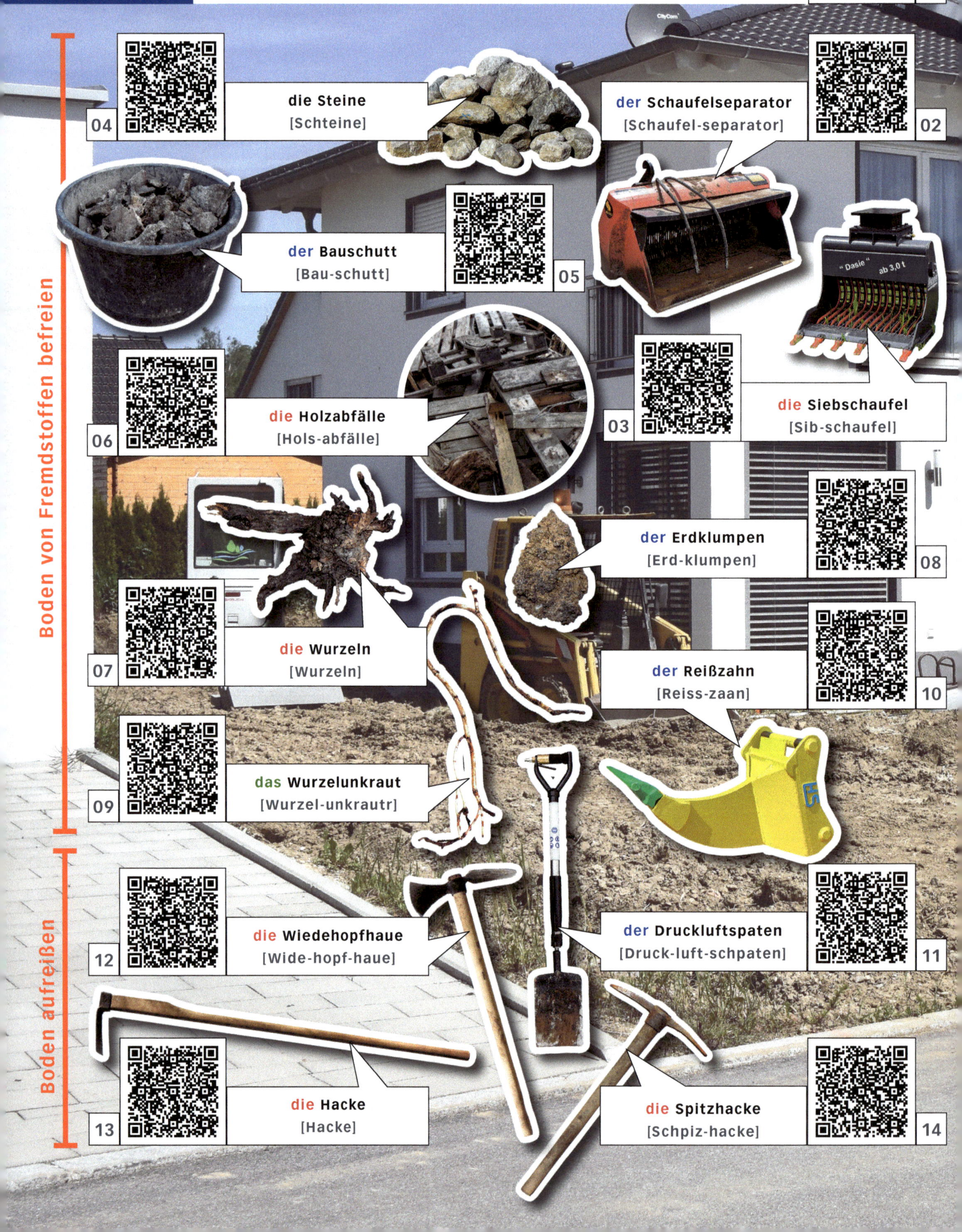

Boden von Fremdstoffen befreien

02 der Schaufelseparator [Schaufel-separator]

03 die Siebschaufel [Sib-schaufel]

04 die Steine [Schteine]

05 der Bauschutt [Bau-schutt]

06 die Holzabfälle [Hols-abfälle]

07 die Wurzeln [Wurzeln]

08 der Erdklumpen [Erd-klumpen]

09 das Wurzelunkraut [Wurzel-unkrautr]

10 der Reißzahn [Reiss-zaan]

Boden aufreißen

11 der Druckluftspaten [Druck-luft-schpaten]

12 die Wiedehopfhaue [Wide-hopf-haue]

13 die Hacke [Hacke]

14 die Spitzhacke [Schpiz-hacke]

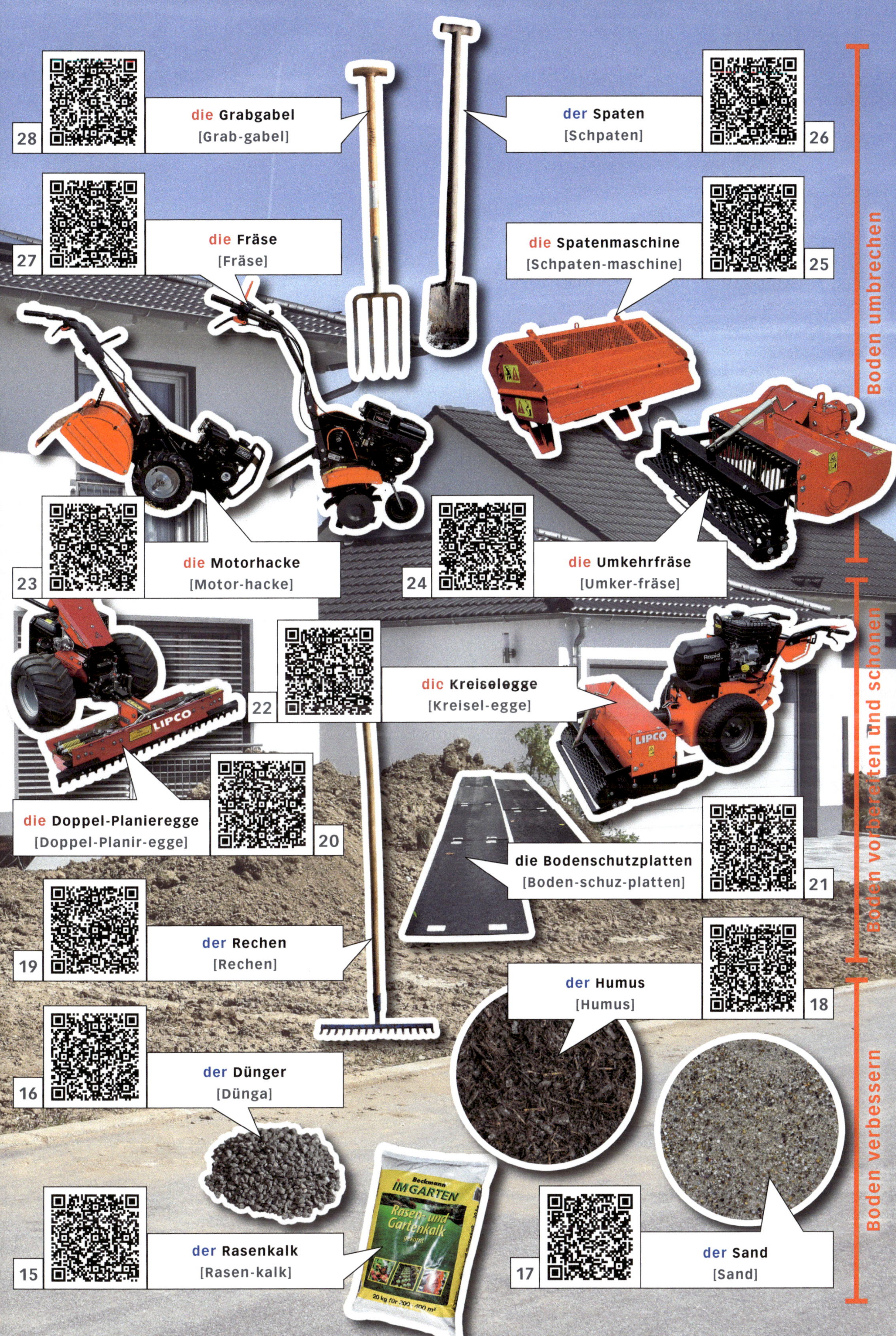

28 die Grabgabel
[Grab-gabel]
der Spaten
[Schpaten] 26
27 die Fräse
[Fräse]
die Spatenmaschine
[Schpaten-maschine] 25
23 die Motorhacke
[Motor-hacke]
24 die Umkehrfräse
[Umker-fräse]
Boden umbrechen
22 dic Kreiselegge
[Kreisel-egge]
LIPCO
LIPCO
die Doppel-Planieregge
[Doppel-Planir-egge] 20
die Bodenschutzplatten
[Boden-schuz-platten] 21
Boden vorbereiten und schonen
19 der Rechen
[Rechen]
der Humus
[Humus] 18
16 der Dünger
[Dünga]
Beckmann
IM GARTEN
Rasen- und Gartenkalk
15 der Rasenkalk
[Rasen-kalk]
17 der Sand
[Sand]
Boden verbessern

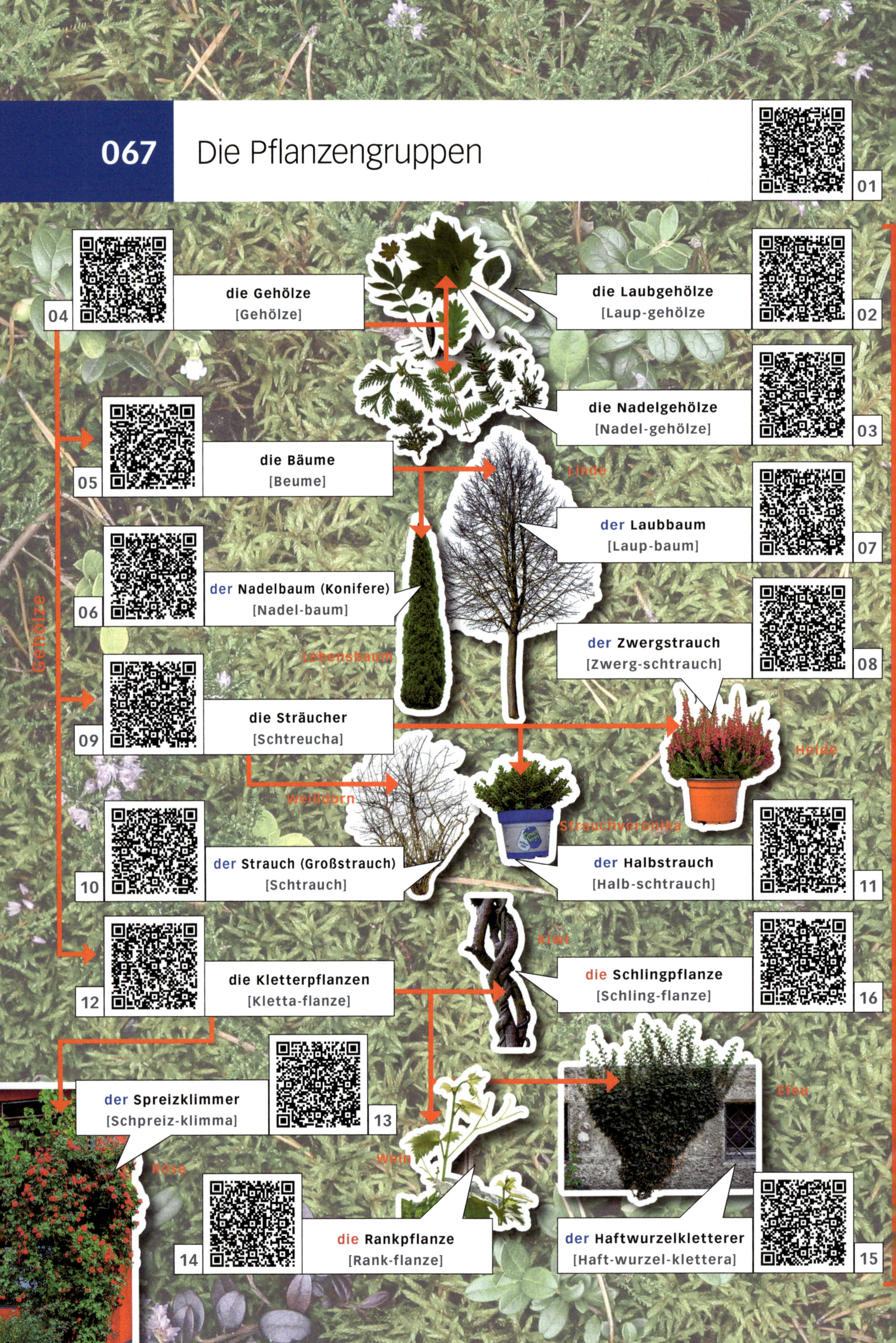
067
Die Pflanzengruppen
01
die Gehölze
[Gehölze]
04
die Laubgehölze
[Laup-gehölze]
02
die Nadelgehölze
[Nadel-gehölze]
03
die Bäume
[Beume]
05
Linde
der Laubbaum
[Laup-baum]
07
der Nadelbaum (Konifere)
[Nadel-baum]
06
Gehölze
Lebensbaum
der Zwergstrauch
[Zwerg-schtrauch]
08
die Sträucher
[Schtreucha]
09
Heide
Weißdorn
Strauchveronika
der Strauch (Großstrauch)
[Schtrauch]
10
der Halbstrauch
[Halb-schtrauch]
11
Kiwi
die Kletterpflanzen
[Kletta-flanze]
12
die Schlingpflanze
[Schling-flanze]
16
Efeu
der Spreizklimmer
[Schpreiz-klimma]
13
Rose
Wein
die Rankpflanze
[Rank-flanze]
14
der Haftwurzelkletterer
[Haft-wurzel-klettera]
15

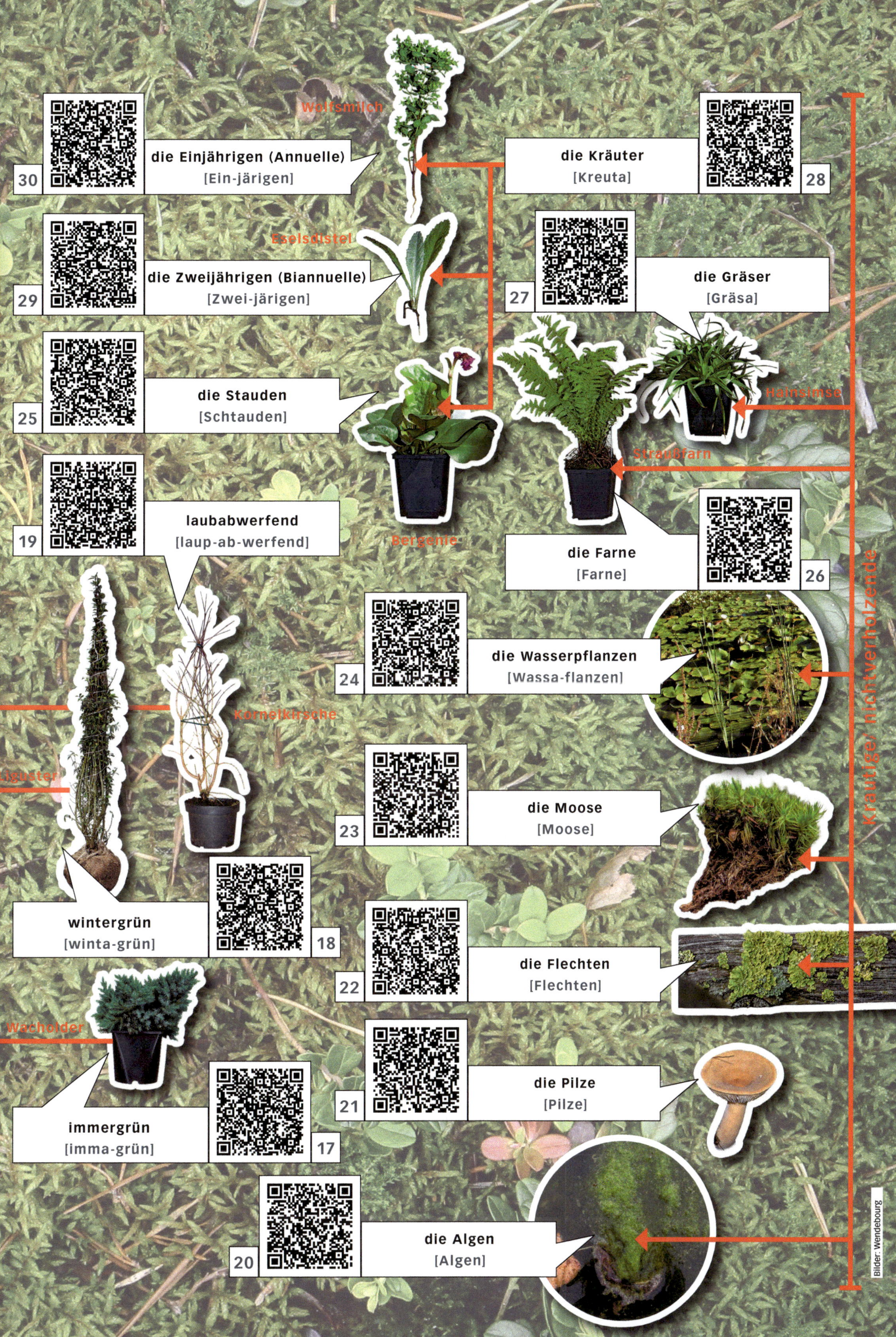
30
die Einjährigen (Annuelle)
[Ein-järigen]
Wolfsmilch
die Kräuter
[Kreuta]
28
29
die Zweijährigen (Biannuelle)
[Zwei-järigen]
Eselsdistel
27
die Gräser
[Gräsa]
25
die Stauden
[Schtauden]
Hainsimse
Straußfarn
19
laubabwerfend
[laup-ab-werfend]
Bergenie
die Farne
[Farne]
26
24
die Wasserpflanzen
[Wassa-flanzen]
Kornelkirsche
Liguster
Krautiger nichtverholzende
23
die Moose
[Moose]
wintergrün
[winta-grün]
18
22
die Flechten
[Flechten]
Wacholder
21
die Pilze
[Pilze]
immergrün
[imma-grün]
17
20
die Algen
[Algen]
Bilder: Wendebourg

068 Die Pflanzenteile

01

02 das Blatt, die Blätter (3)
[Blatt] [Blätta]

03 der Zweig
[Zweig]

04 die Krone
[Krone]

0 der Trieb
[Trib]

06 der Ast, die Äste (2)
[Ast] [Äste]

07 der Stamm
[Schtamm]

08 die Knospe (das Auge)
[Knospe] [Auge]

09 der Wurzelanlauf
[Wurzel-anlauf]

10 die Wurzel/n (2)
[Wurzel] [Wurzeln]

11 die Borke
[Borke]

12 die Rinde
[Rinde]

Krone

Kronenansatz

Stammumfang

Wurzelanlauf

Wurzel

23
die Nadel/n (2)
[Nadel] [Nadeln]
der Samen
[Samen]
24
der Zapfen
[Zapfen]
22
21
die Frucht, die Früchte (2)
[Frucht] [Früchte]
die Ranke
[Ranke]
18
die Blütenknospe
[Blüten-knospe]
20
der Dorn
[Dorn]
17
die Blüte/n (2)
[Blüte] [Blüten]
19
der Stachel, die Stacheln (2)
[Schtachel] [Schtacheln]
16
die Zwiebel/n (2)
[Zwibel] [Zwibeln]
13
15
das Rhizom, die Rhizome (2)
[Rizom] [Rizome]
14
die Knolle/n (2)
[Knolle] [Knollen]
Bilder: Wendebourg

069 Die Pflanzenformen

01

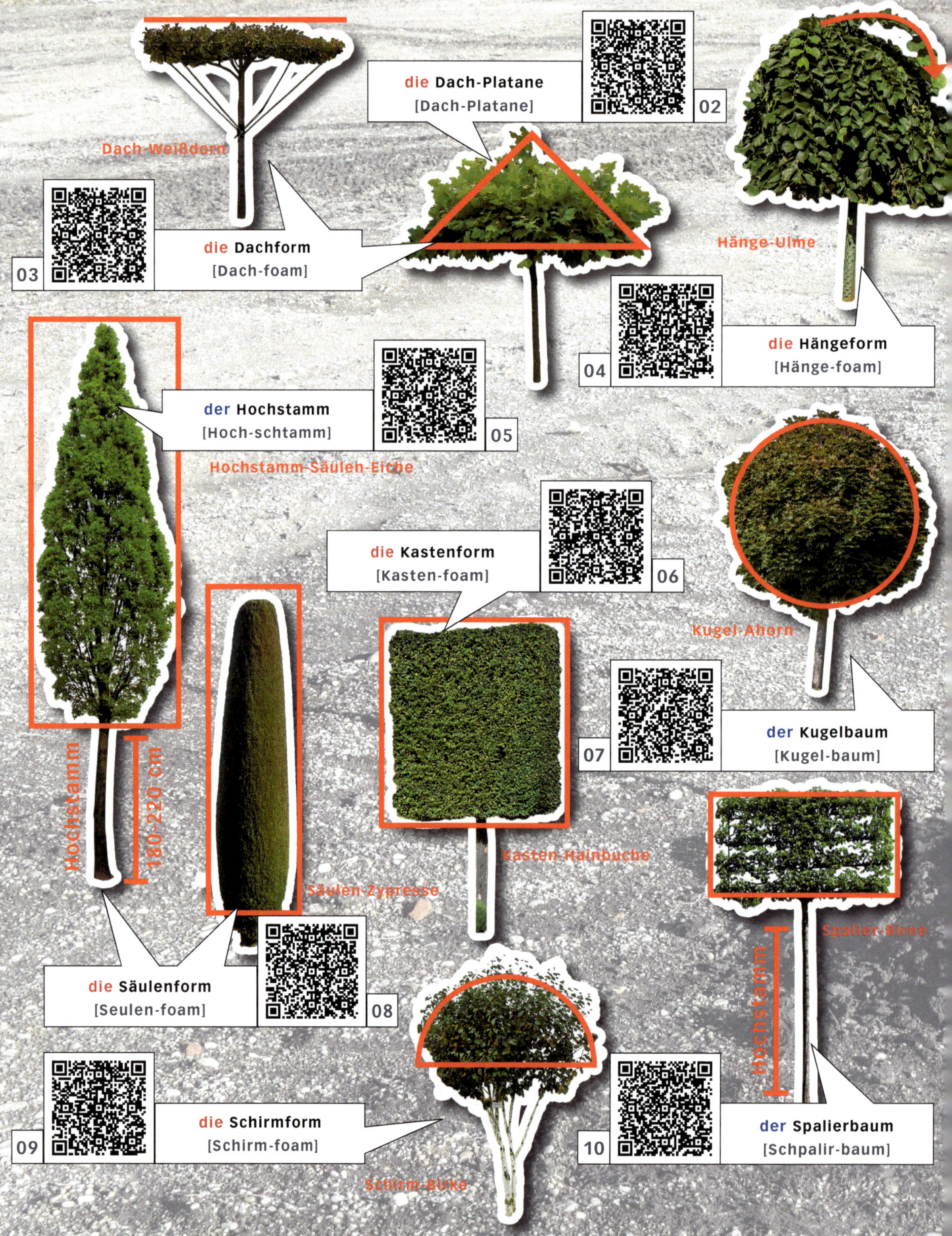

die Dach-Platane
[Dach-Platane]
02

Dach-Weißdorn

die Dachform
[Dach-foam]
03

Hänge-Ulme

die Hängeform
[Hänge-foam]
04

der Hochstamm
[Hoch-schtamm]
05

Hochstamm-Säuleh-Eiche

die Kastenform
[Kasten-foam]
06

Kugel-Ahorn

der Kugelbaum
[Kugel-baum]
07

Hochstamm

180-220 cm

Säulen-Zypresse

Kasten-Hainbuche

Spalier-Birne

die Säulenform
[Seulen-foam]
08

Hochstamm

die Schirmform
[Schirm-foam]
09

der Spalierbaum
[Schpalir-baum]
10

Schirm-Birke

Hainbuchen-Bögen (Laubengang)
Buchseinfassung
19
die Einfassung
[Einfassung]
20
die Bögen
[Bögen]
Hainbuchen-Tor
die Buchskugel
[Buks-kugel]
18
die Solitärsträucher
[Solitär-schreucha]
17
Felsenbirnen
Korkenzieherhasel
16
das Heckentor
[Hecken-tor]
15
die Korkenzieherform
[Korken-zia-foam]
14
die Kübelpflanze/n (2)
[Kübel-flanze]
Chinaschilf
Lorbeer
12
das Solitärgras
[Solitär-gras]
13
der Bambus im Topf
[Bambus im Topf]
Thuja-Hecke
Liguster-Hecke
11
die Hecke/n (2)
[Hecke]
Bilder: Wendebourg, Lorenz von Ehren (04, 05, 09, 10, 15, 17, 20)

070 Die Gehölzpflanzung

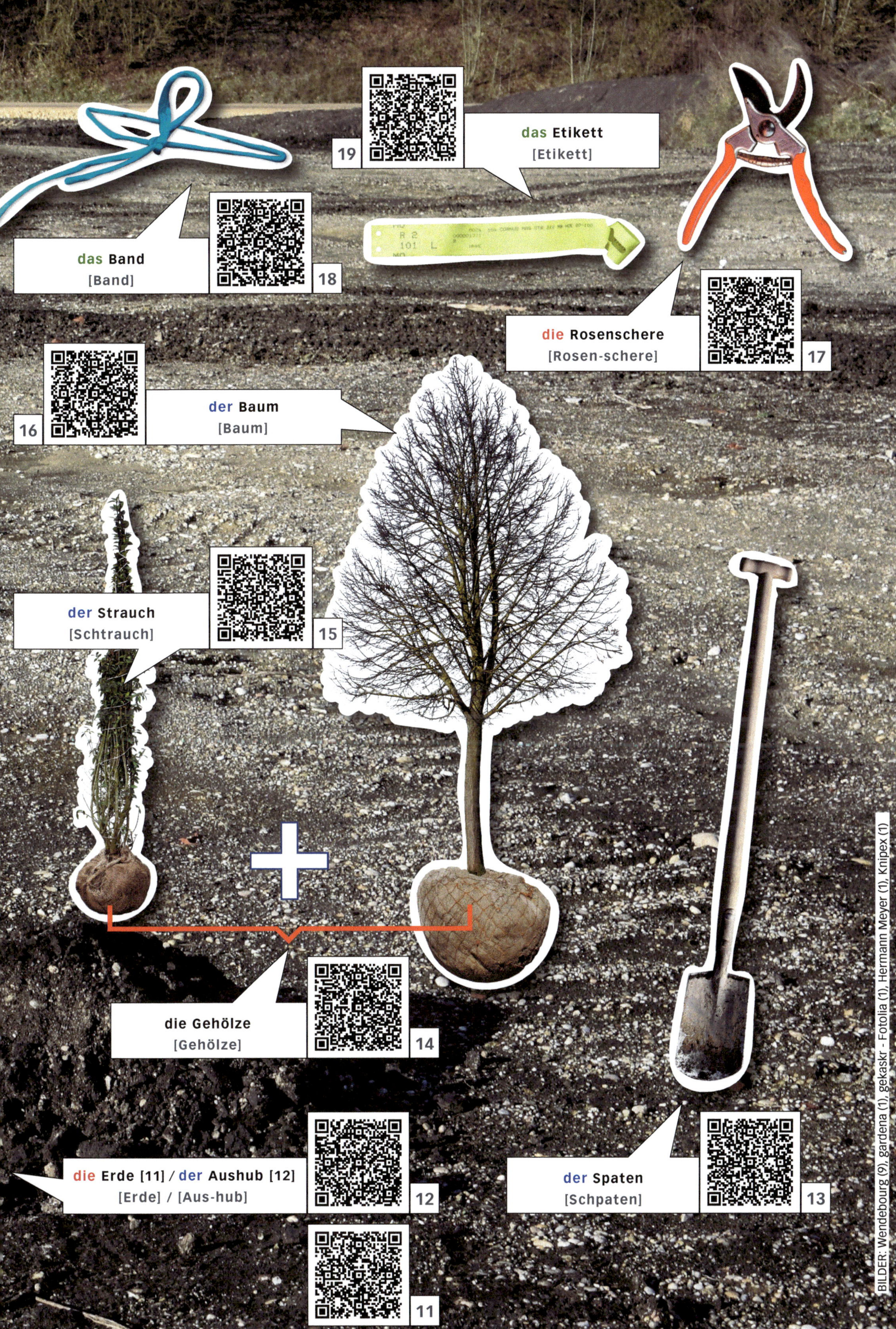

BILDER: Wendebourg (9), gardena (1), gekaskr - Fotolia (1), Hermann Meyer (1), Knipex (1)

071 Pflanzen

01

aufladen
[auf-laden]
02

abladen
[ab-laden]

03

04
(Kiste) tragen
[tragen]

(Pflanzloch) ausheben
[aus-heben]
05

(Pflanze) austopfen
[aus-topfen]

07
(Pflanze) reinstellen
[rein-schtelln]

(Pflanze) drehen
[dren]
08

09
(Pflanze) antreten
[an-treten]

10
(Pflanzen) wässern
[wässan]
11
zurückschneiden
[zurück-schneiden]
12
düngen
[düngen]
P
N
S
CA
K
13
(Gräser) ausstellen
[aus-schtelln]
14
(Topf) andrücken
[an-drücken]
15
(Fläche) abmulchen
[ab-mulchen]
16
einpflanzen (einsetzen)
[ein-flanzen]
17
(Pflanze) gießen
[gissen]
18
(Draht) aufschneiden
[auf-schneiden]
19
(Topf) entsorgen
[ent-sorgen]

072 Pfahlgerüst bauen

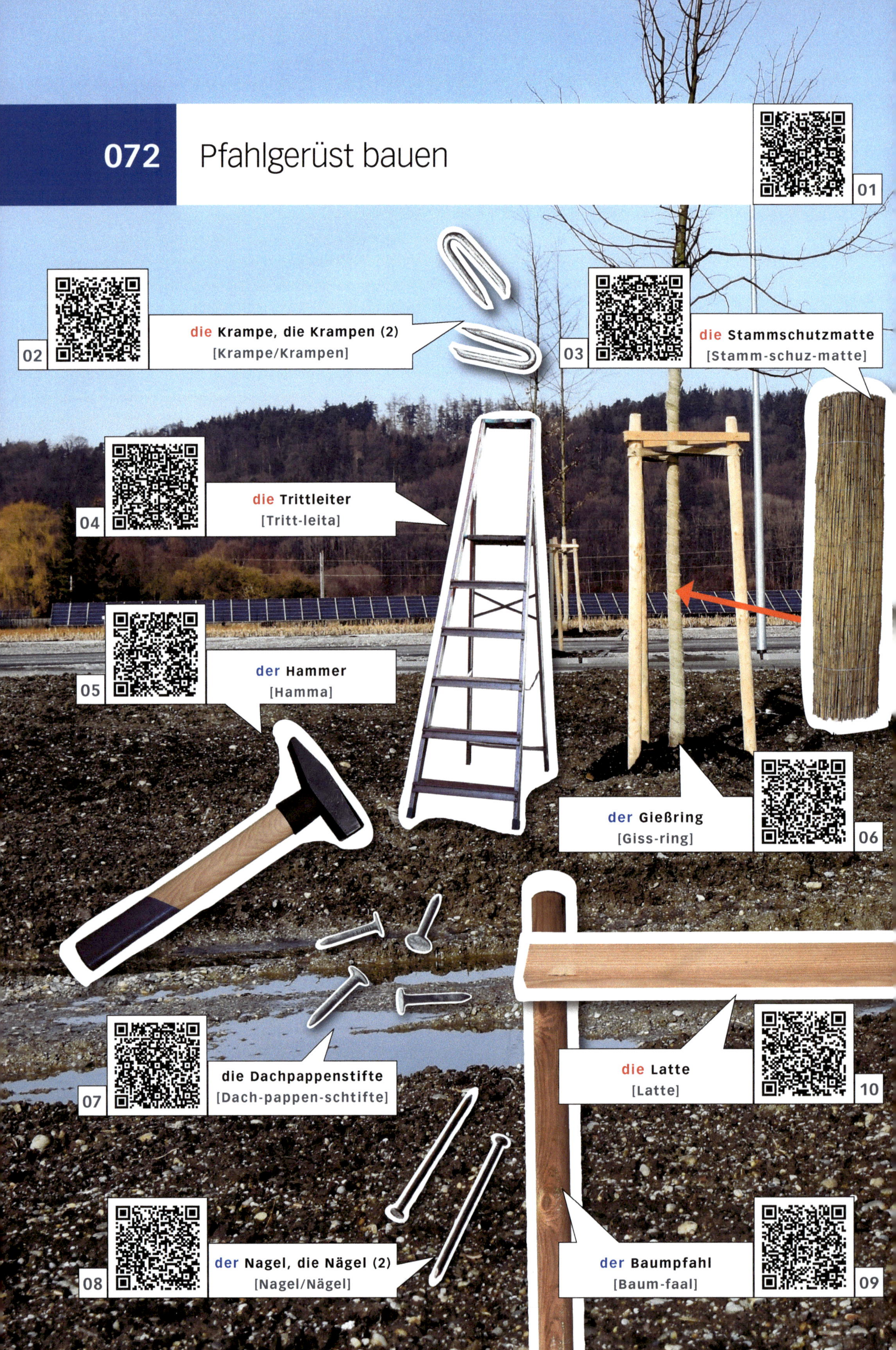

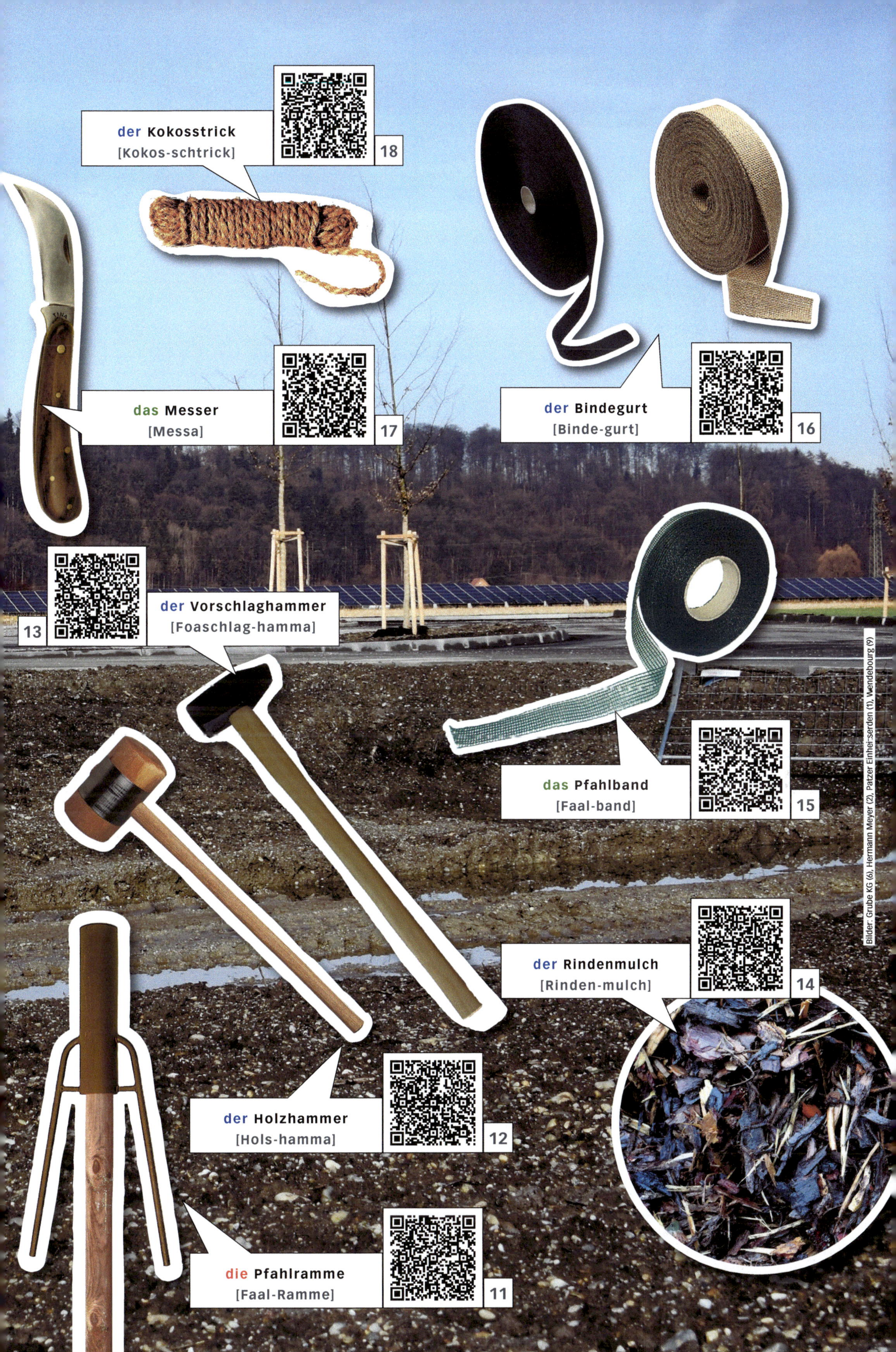

18
der Kokosstrick
[Kokos-schtrick]
16
der Bindegurt
[Binde-gurt]
17
das Messer
[Messa]
13
der Vorschlaghammer
[Foaschlag-hamma]
15
das Pfahlband
[Faal-band]
14
der Rindenmulch
[Rinden-mulch]
12
der Holzhammer
[Hols-hamma]
11
die Pfahlramme
[Faal-Ramme]
Bilder: Grube KG (6), Hermann Meyer (2), Patzer Einhei-serden (1), Wendebourg (9)

073
Die Staudenpflanzung
01
die Stauden (3)
[Schtauden]
02
das Gras
[Gras]
die Staude
[Schtaude]
04
der Farn
[Farn]
05
die Pflanzschaufel
[Flans-schaufel]
06
der Topfballen
[Topf-ballen]
07
das Pflanzloch
[Flans-loch]
der Splittmulch
[Schplitt-mulch]
09

Bilder: Wendebourg

074 Zwiebelblumen pflanzen

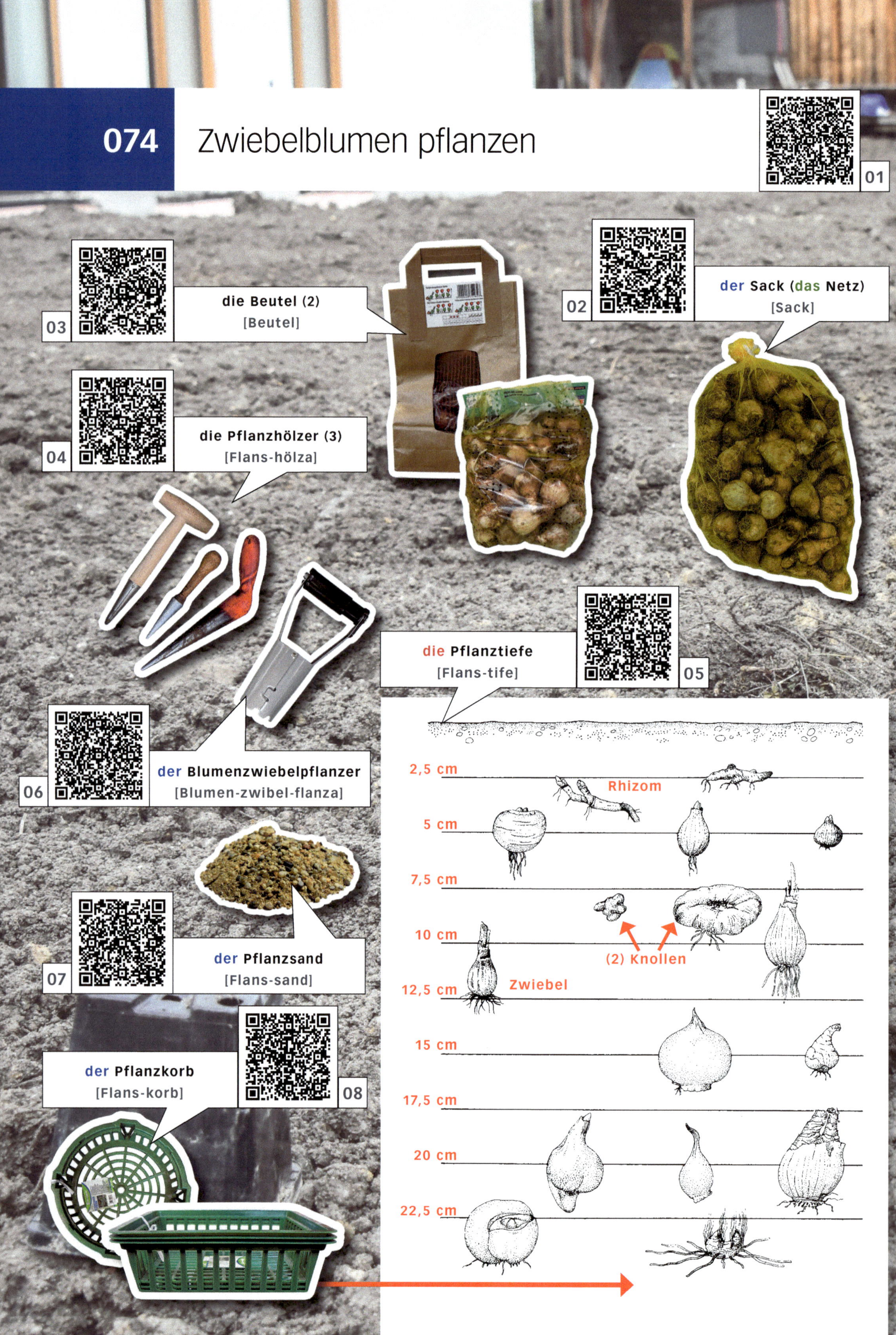

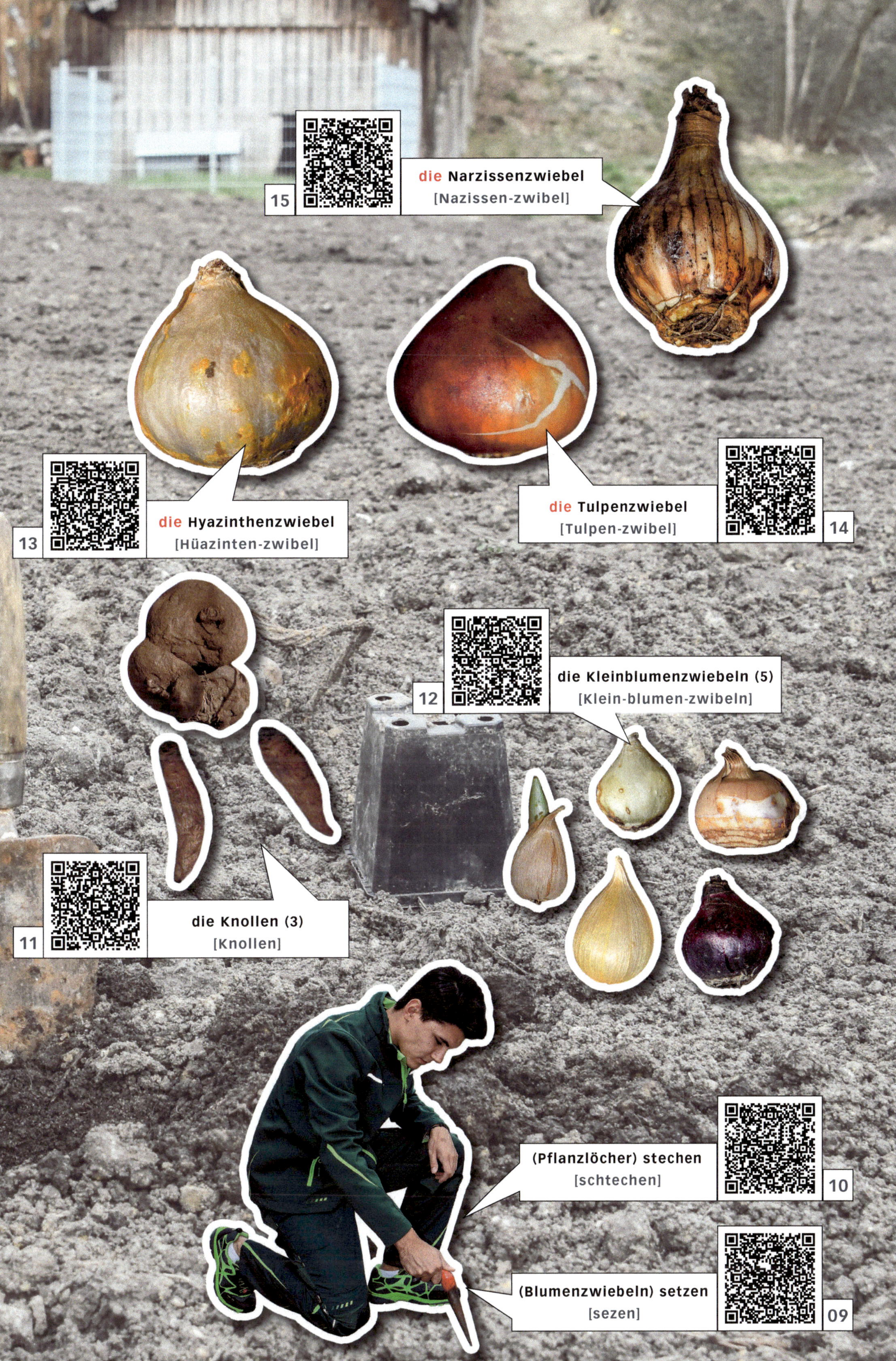

Bilder: Wendebourg, Frank Geisler, MediDesign

075 Rasenflächen anlegen

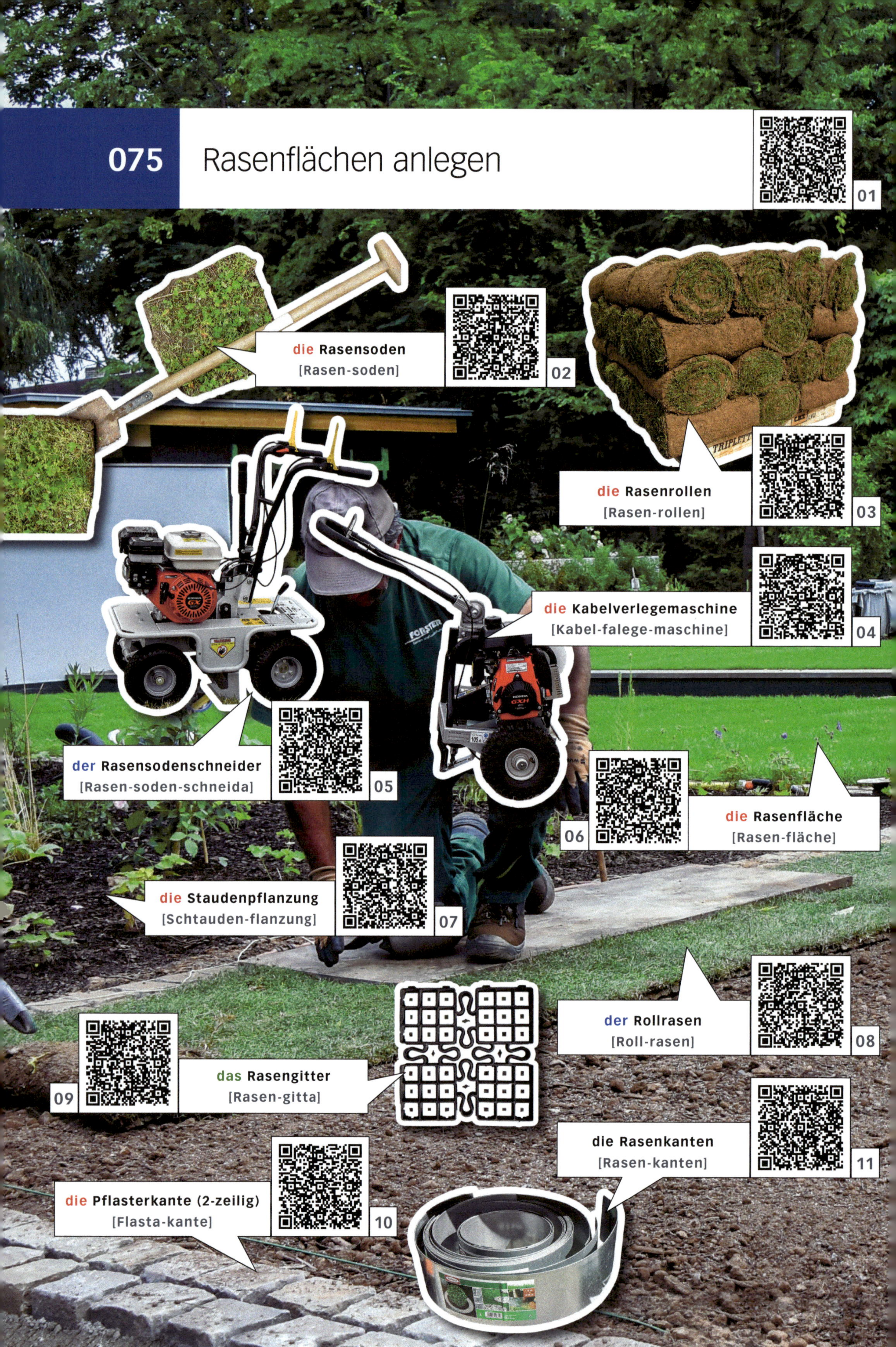

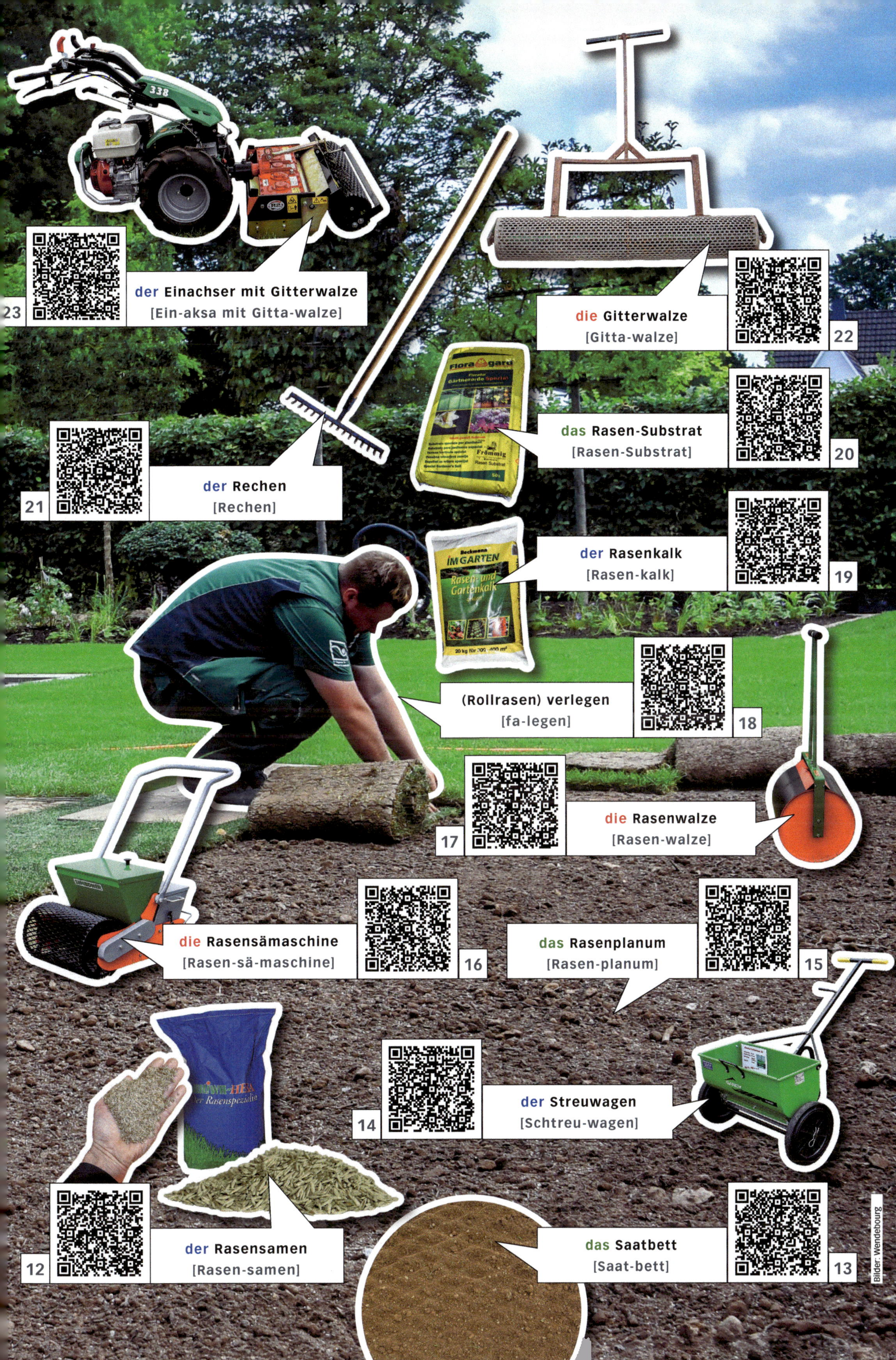

23 der Einachser mit Gitterwalze
[Ein-aksa mit Gitta-walze]
die Gitterwalze
[Gitta-walze] 22
21 der Rechen
[Rechen]
das Rasen-Substrat
[Rasen-Substrat] 20
der Rasenkalk
[Rasen-kalk] 19
(Rollrasen) verlegen
[fa-legen] 18
17 die Rasenwalze
[Rasen-walze]
die Rasensämaschine
[Rasen-sä-maschine] 16
das Rasenplanum
[Rasen-planum] 15
14 der Streuwagen
[Schtreu-wagen]
12 der Rasensamen
[Rasen-samen]
das Saatbett
[Saat-bett] 13
Bilder: Wendebourg

076 Rasenflächen anlegen (Verben)

Boden vorbereiten

02 (Boden) fräsen [fräsen]

03 (Steine) abrechen [ab-rechen]

04 (Steine) absammeln [ab-sammeln]

05 (Fläche) geradeziehen [grade-zihn]

06 (Boden) walzen [walzen]

07 (Unebenheiten) beseitigen [be-seitigen]

Rollrasen verlegen
Aussaat
09
(Rasensamen) aussäen
[aus-sä-en]
08
(Rollrasen) verlegen
[fa-legen]
10
(Saatgut/Dünger) ausbringen
[aus-bringen]
11
(Grassamen) einharken
[ein-harken]
düngen
[düngen]
12
Wässern
14
(Saat/Fläche) wässern
[wässan]
13
(Grassamen) anwalzen
[an-walzen]
Bilder: Wendebourg

077 Bewässern und beregnen

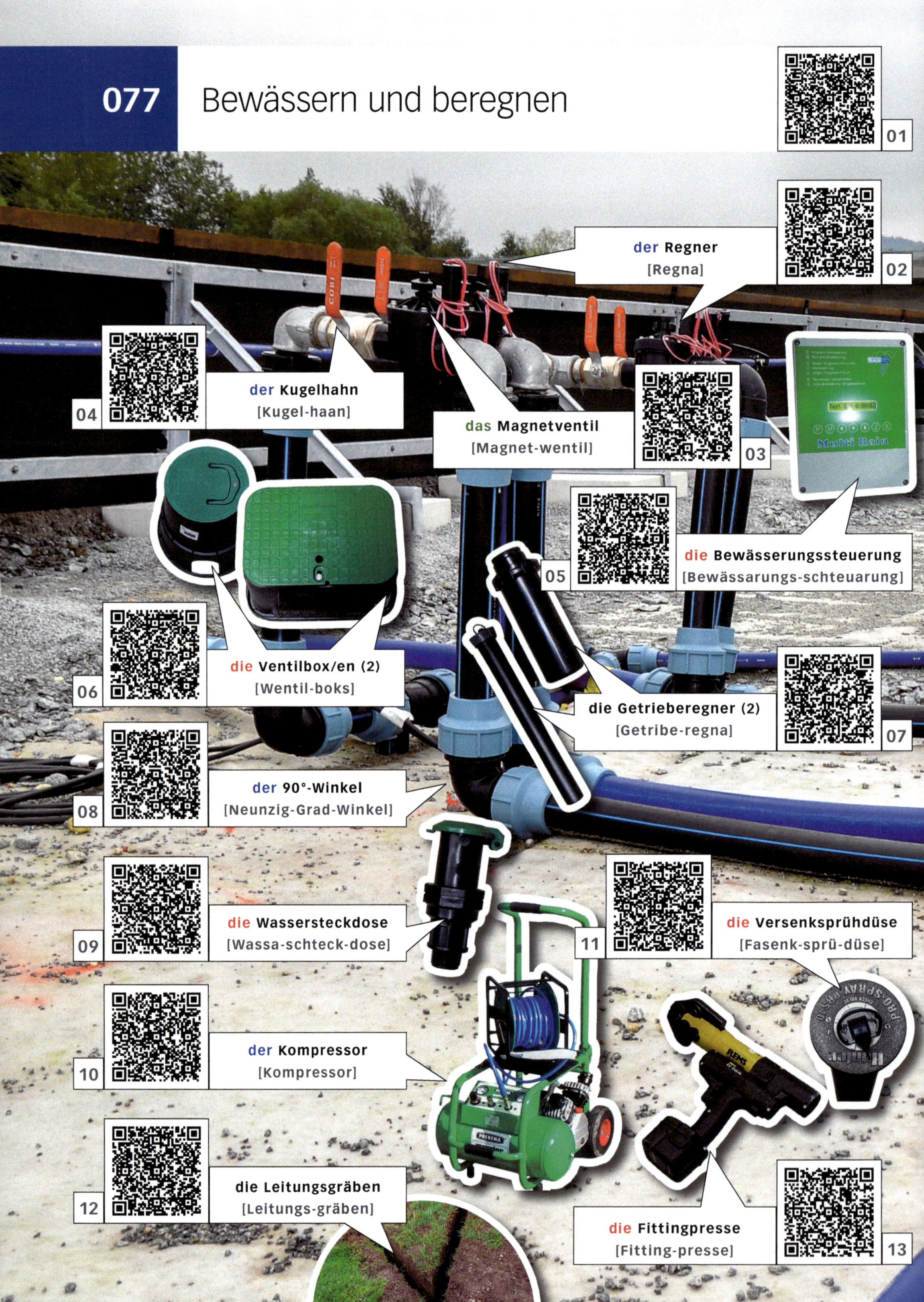

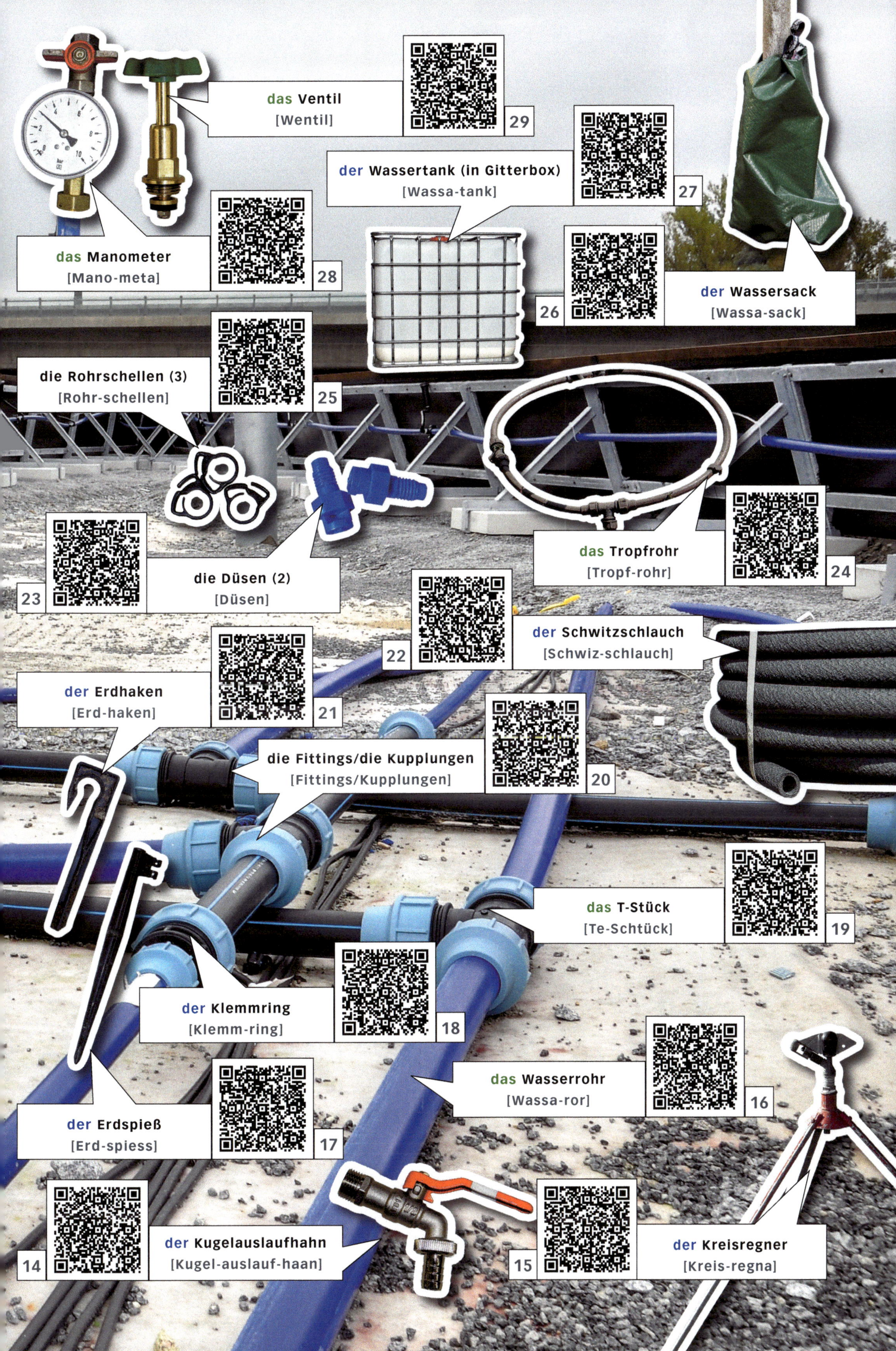
das Ventil
[Wentil]
29
der Wassertank (in Gitterbox)
[Wassa-tank]
27
das Manometer
[Mano-meta]
28
26
der Wassersack
[Wassa-sack]
die Rohrschellen (3)
[Rohr-schellen]
25
das Tropfrohr
[Tropf-rohr]
24
23
die Düsen (2)
[Düsen]
22
der Schwitzschlauch
[Schwiz-schlauch]
der Erdhaken
[Erd-haken]
21
die Fittings/die Kupplungen
[Fittings/Kupplungen]
20
das T-Stück
[Te-Schtück]
19
der Klemmring
[Klemm-ring]
18
das Wasserrohr
[Wassa-ror]
16
der Erdspieß
[Erd-spiess]
17
14
der Kugelauslaufhahn
[Kugel-auslauf-haan]
15
der Kreisregner
[Kreis-regna]

078 Schwimmteich- und Naturpoolpflege

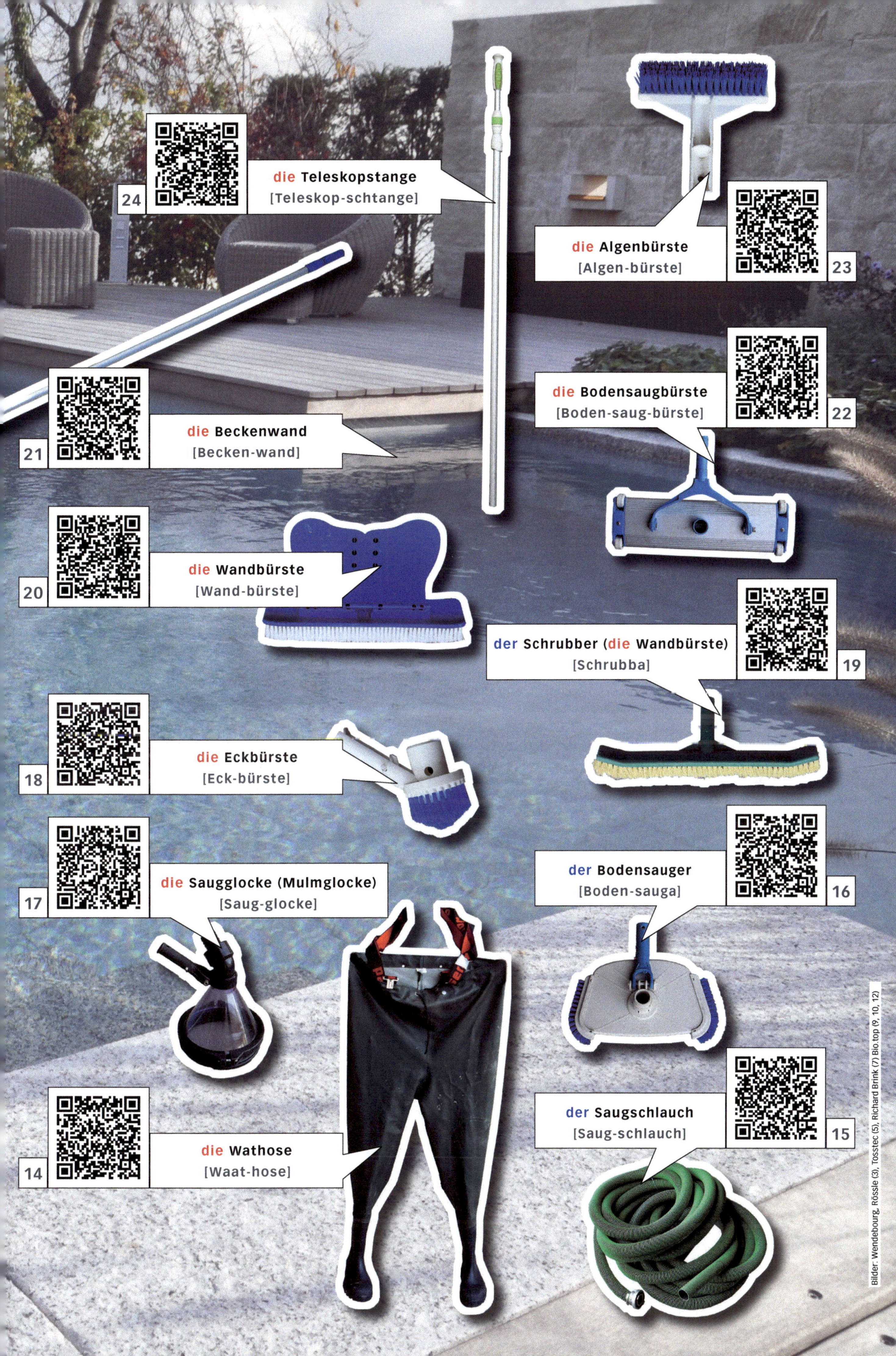

Bilder: Wendebourg, Rössle (3), Tosstec (5), Richard Brink (7) Bio.top (9, 10, 12)

079 Teiche und Pools pflegen

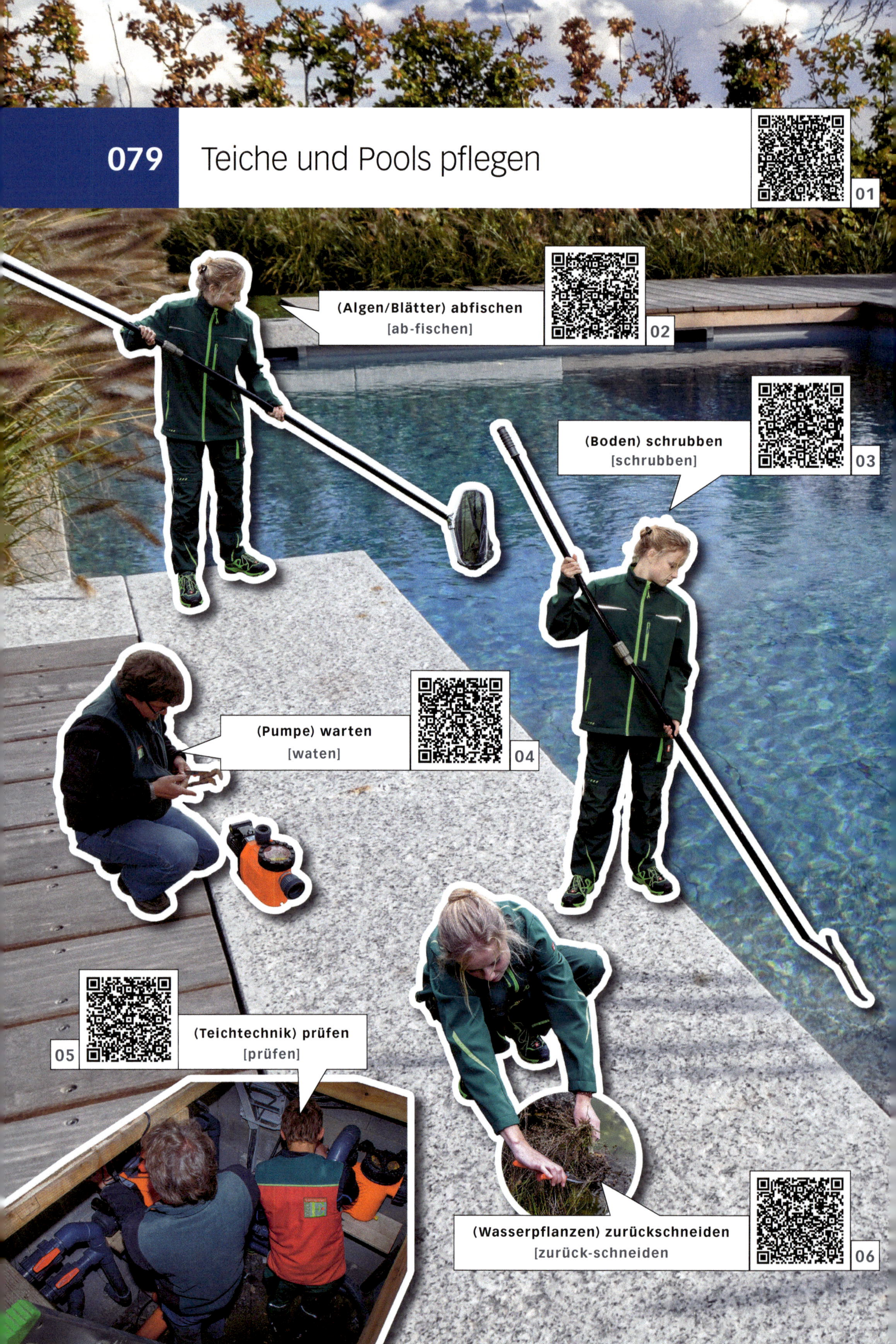

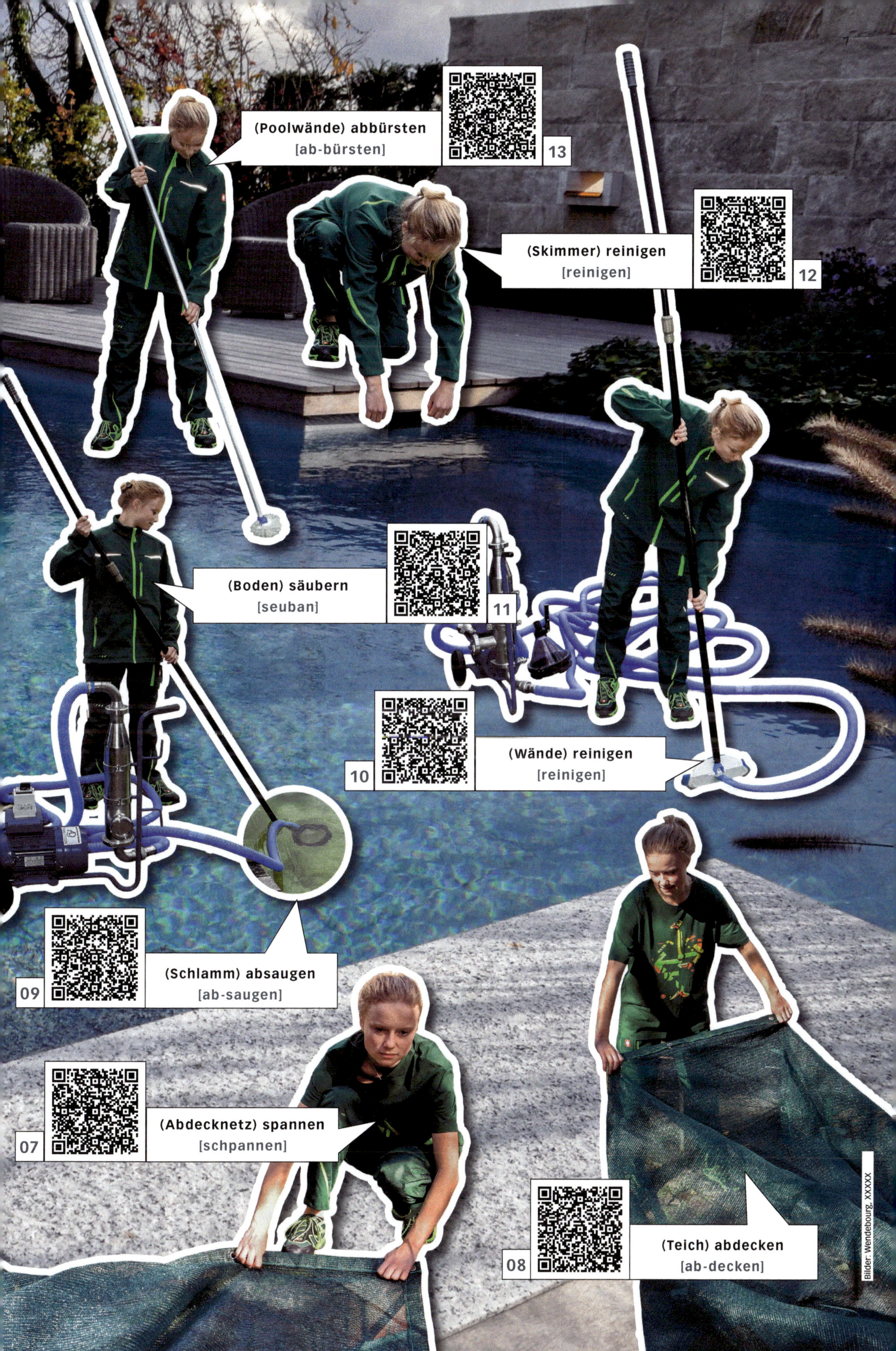

(Poolwände) abbürsten
[ab-bürsten]
13
(Skimmer) reinigen
[reinigen]
12
(Boden) säubern
[seuban]
11
10
(Wände) reinigen
[reinigen]
09
(Schlamm) absaugen
[ab-saugen]
07
(Abdecknetz) spannen
[schpannen]
08
(Teich) abdecken
[ab-decken]
Bilder: Wendebourg, XXXXX

080 Rasenpflege

01

Bilder: Wendebourg (00), John Deere (02), Gardena (05), Eliet (15, 17), Toro (18)

081 Sportflächen pflegen

Bilder: Wendebourg, Polytan, arcus sport, Kommtek, Heiler

082 Rasen- und Wiesenflächen pflegen

01

02 **(Rasen) mähen**
[mä-en]

03 **(Kanten) schneiden**
[schneiden]

04 **(Sammelbehälter) ausleeren**
[aus-leeren]

05 **(Sportrasen) abkehren**
[ab-keren]

06 **vertikutieren**
[wertikutiren]

Bilder: Wendebourg, Polytan (15)

083 Grünflächenpflege

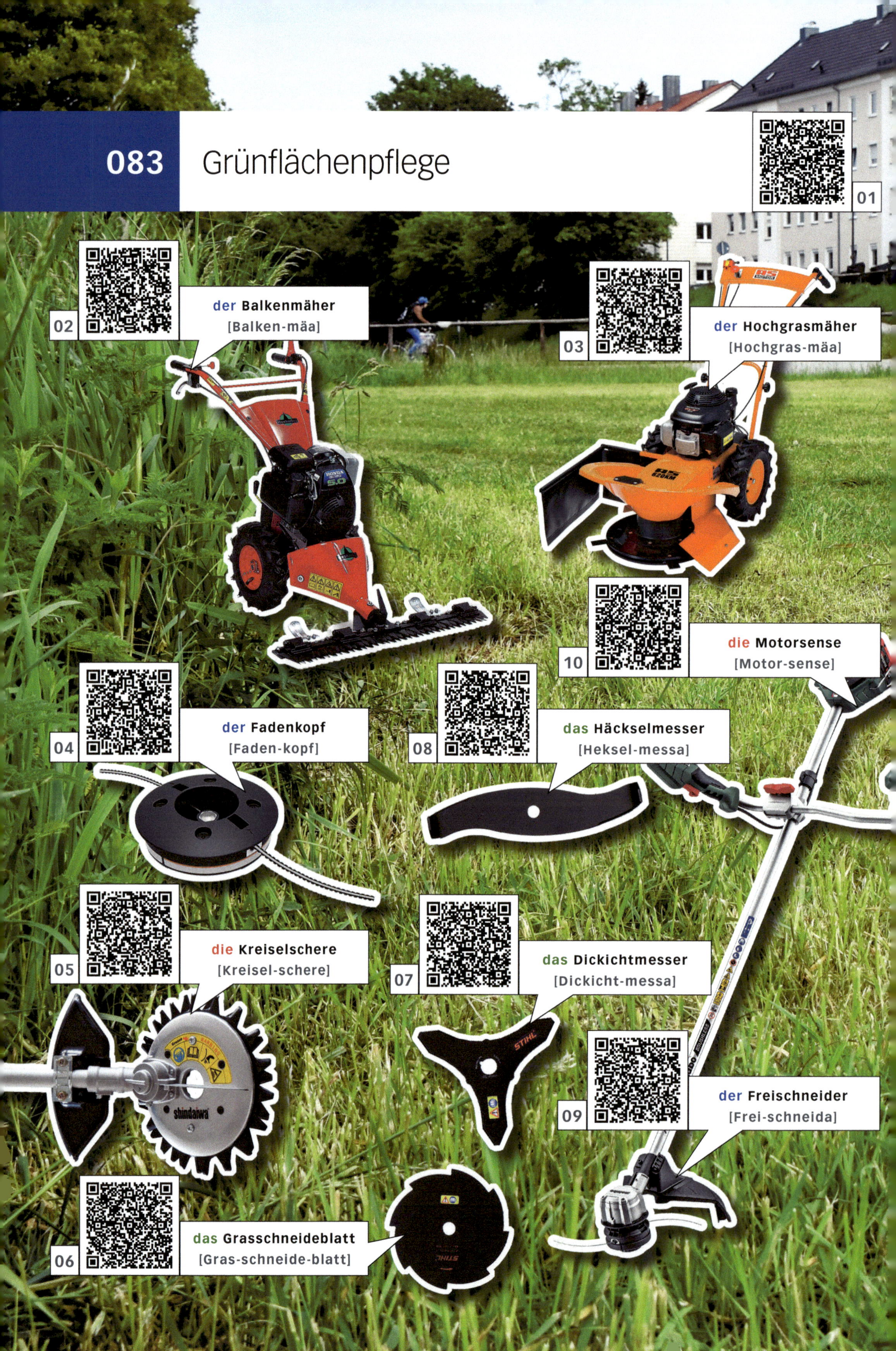

Bilder: Herkules (2), AS Motor (3), Stihl (4, 9), Shindaiwa (5), Grube KG (11), Krumpholz (12), Husqvarna (20, 21), Wendebourg

084 Straßenrandpflege

01

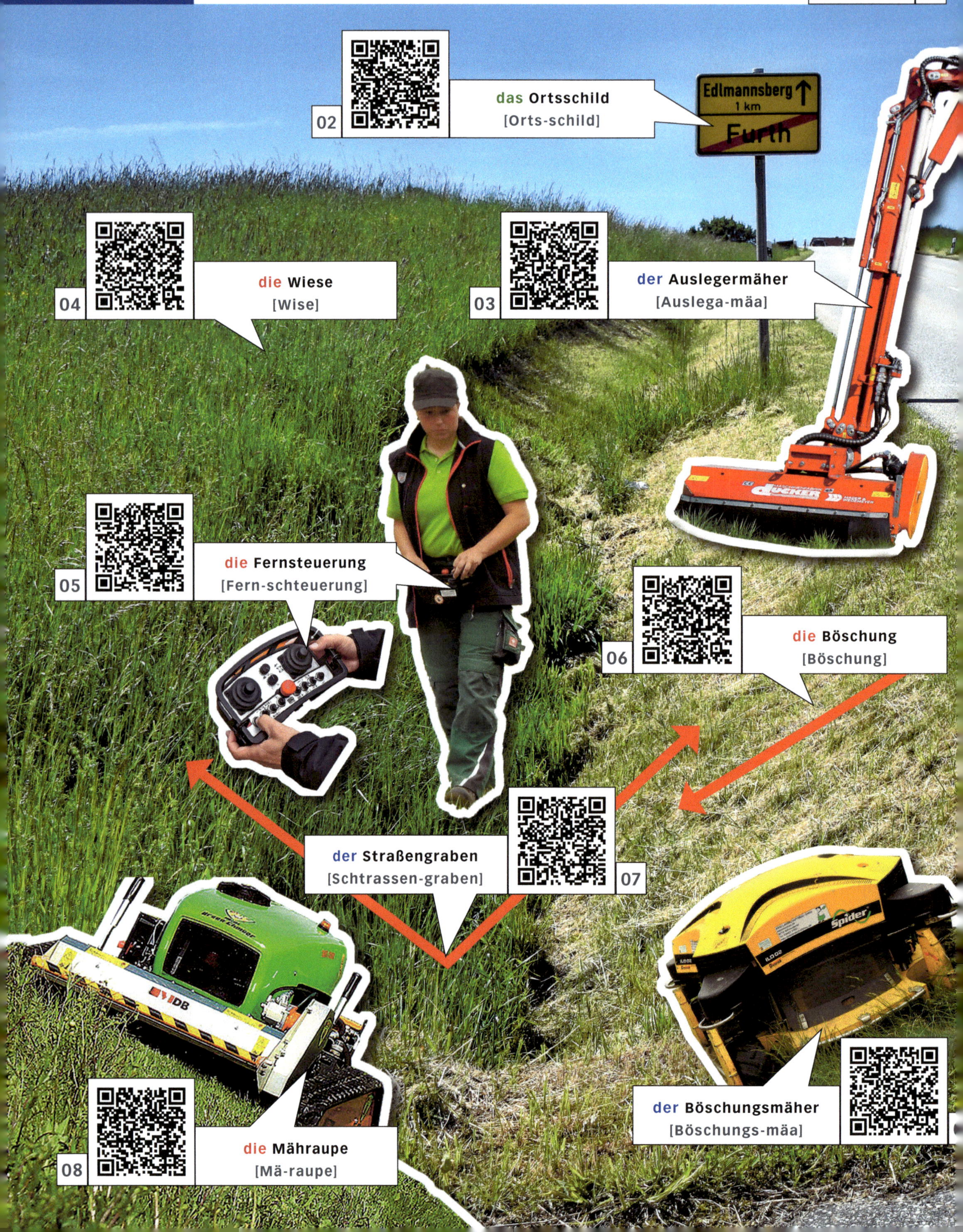

02 das Ortsschild [Orts-schild]
Edlmannsberg
1 km
Furth
04 die Wiese [Wise]
03 der Auslegermäher [Auslega-mäa]
05 die Fernsteuerung [Fern-schteuerung]
06 die Böschung [Böschung]
der Straßengraben [Schtrassen-graben] 07
der Böschungsmäher [Böschungs-mäa]
08 die Mähraupe [Mä-raupe]

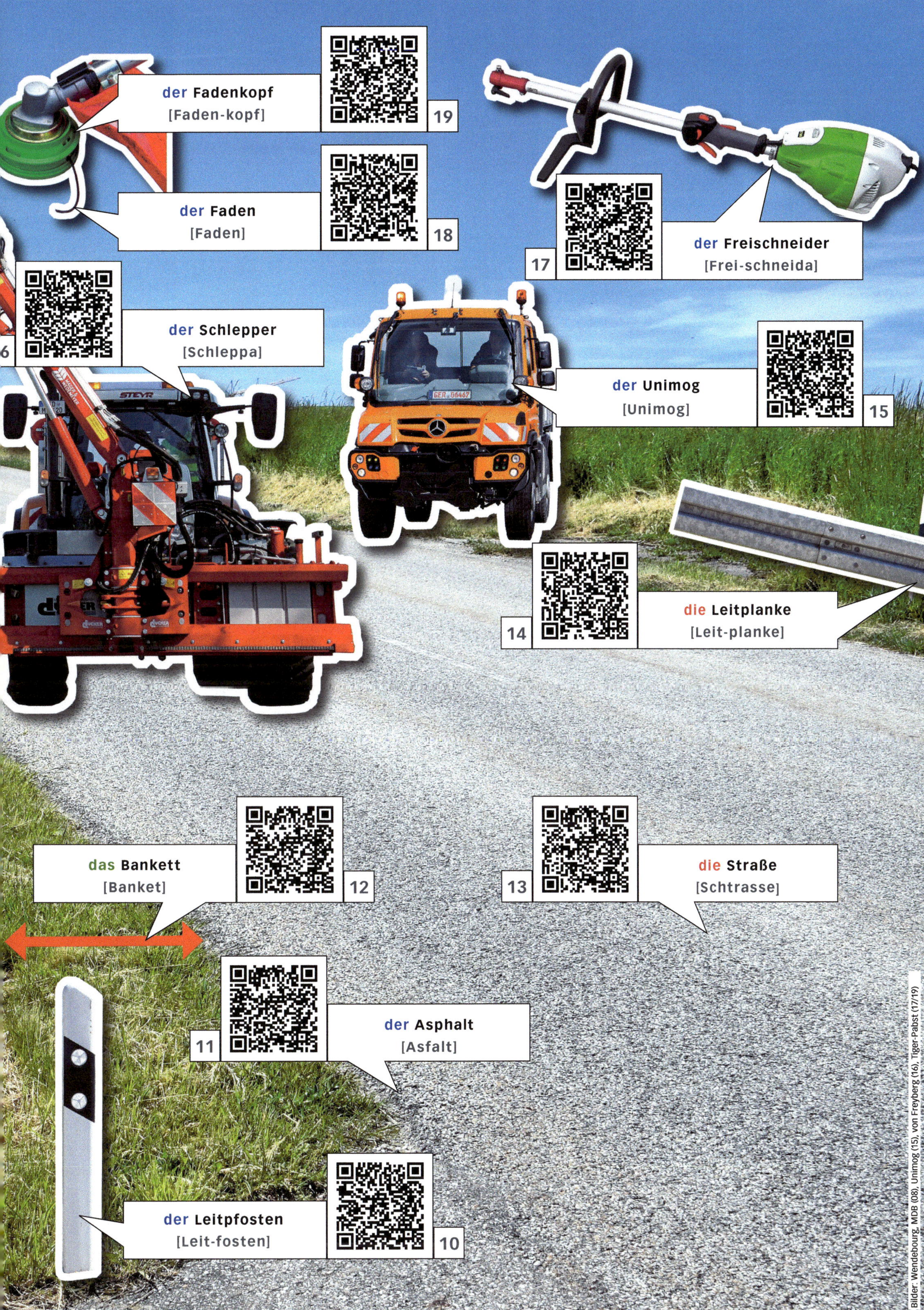
der Fadenkopf
[Faden-kopf]
19
der Faden
[Faden]
18
der Freischneider
[Frei-schneida]
17
der Schlepper
[Schleppa]
6
der Unimog
[Unimog]
15
die Leitplanke
[Leit-planke]
14
das Bankett
[Banket]
12
die Straße
[Schtrasse]
13
der Asphalt
[Asfalt]
11
der Leitpfosten
[Leit-fosten]
10
Bilder: Wendebourg, MDB (08), Unimog (15), von Freyberg (16), Tiger-Pabst (17/19)

085 Staudenflächenpflege

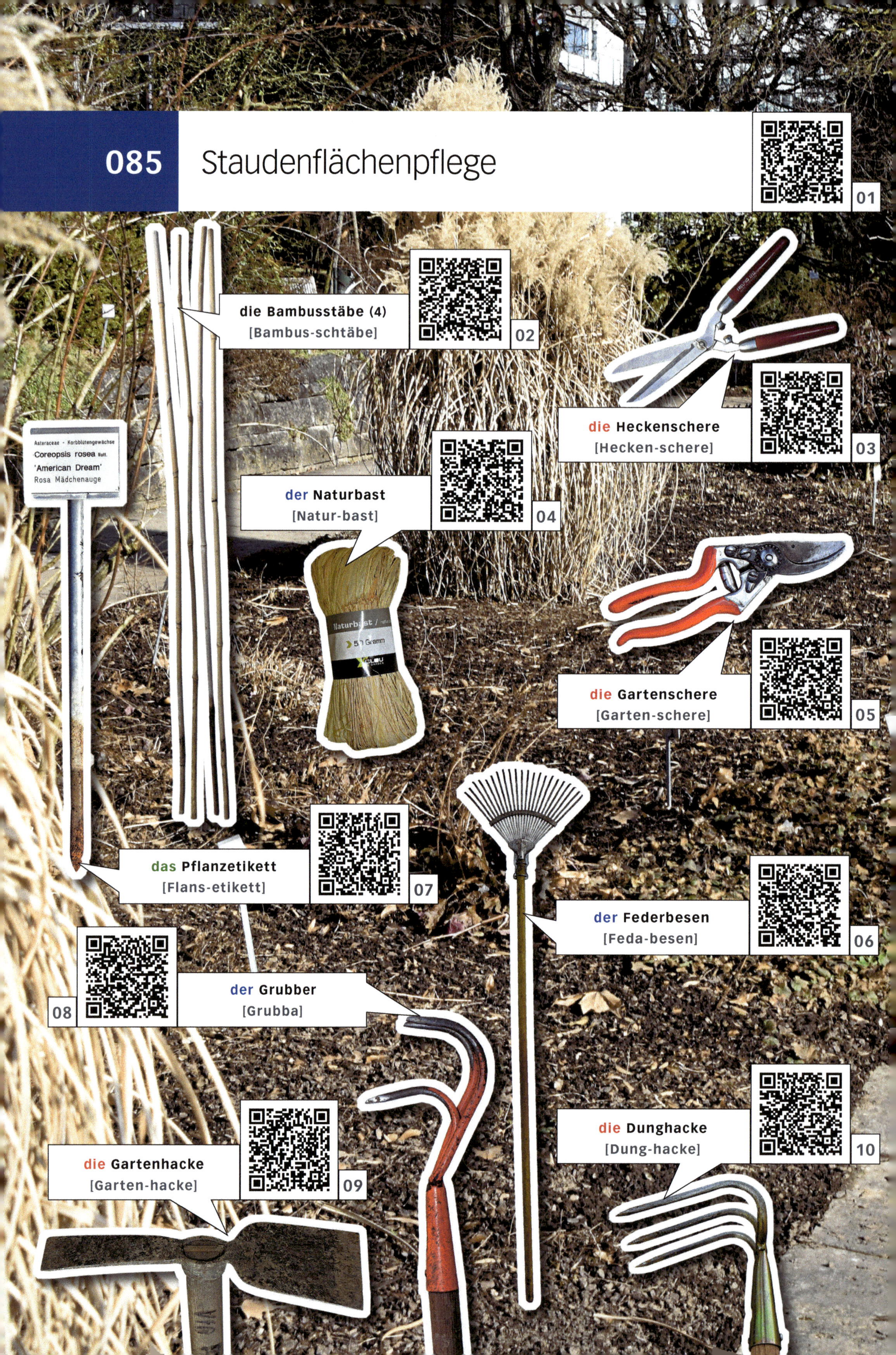

20
das Unkraut
[Unkraut]
die Unkrautstecher (2)
[Unkraut-schtecha]
18
das Messer
[Messa]
19
17
die Sämlinge
[Sämlinge]
die Knieschoner
[Kni-schona]
16
15
die Gehölzsämlinge (3)
[Gehöls-sämlinge]
das Paar Handschuhe (1)
[ein Paar Hand-schue]
13
14
das Ungras
[Un-gras]
die Ziehhacke
[Zi-hacke]
11
12
der Sammeleimer
[Sammel-eima]
Bilder: Wendebourg

Pflanzflächen pflegen

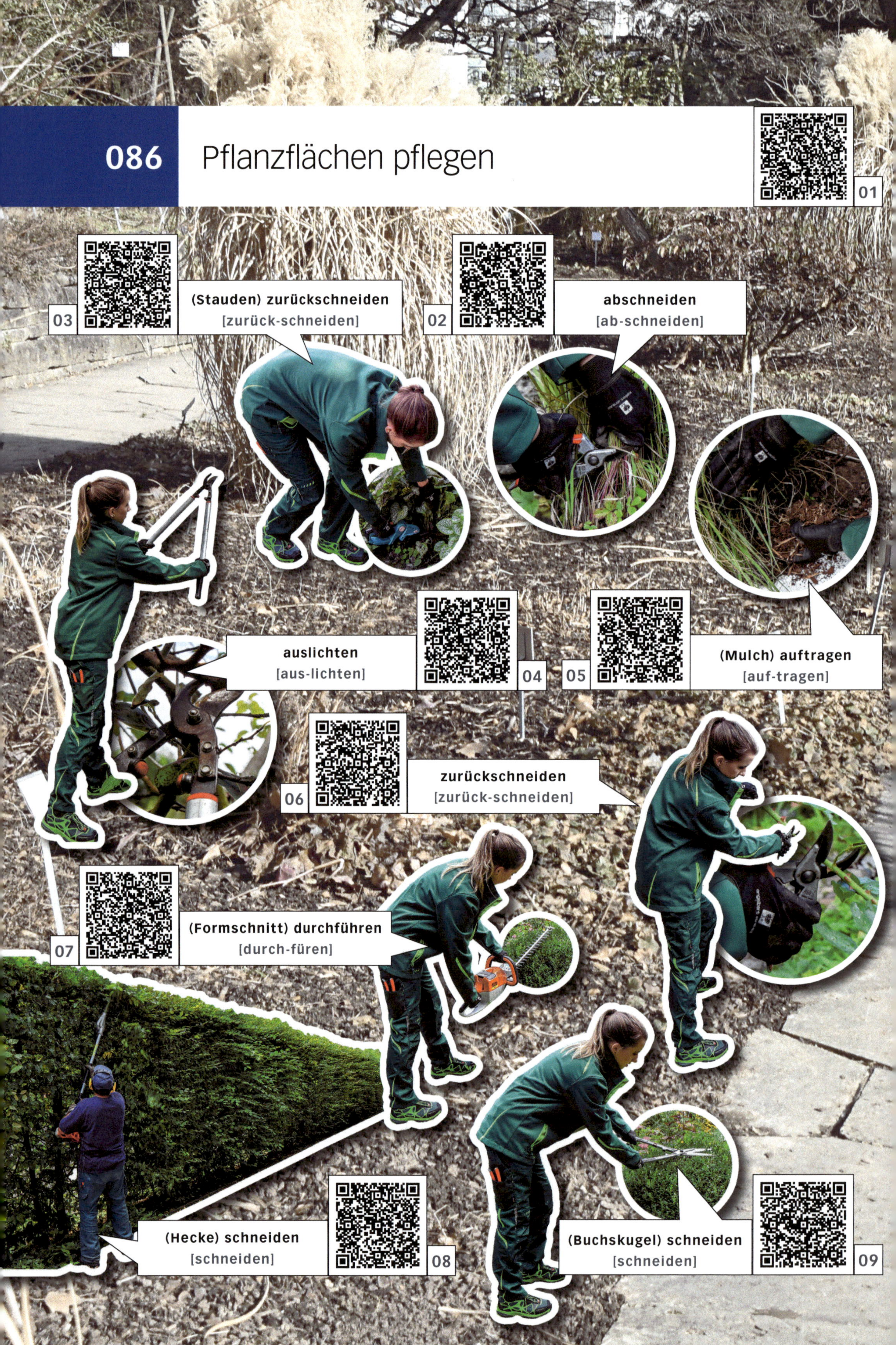

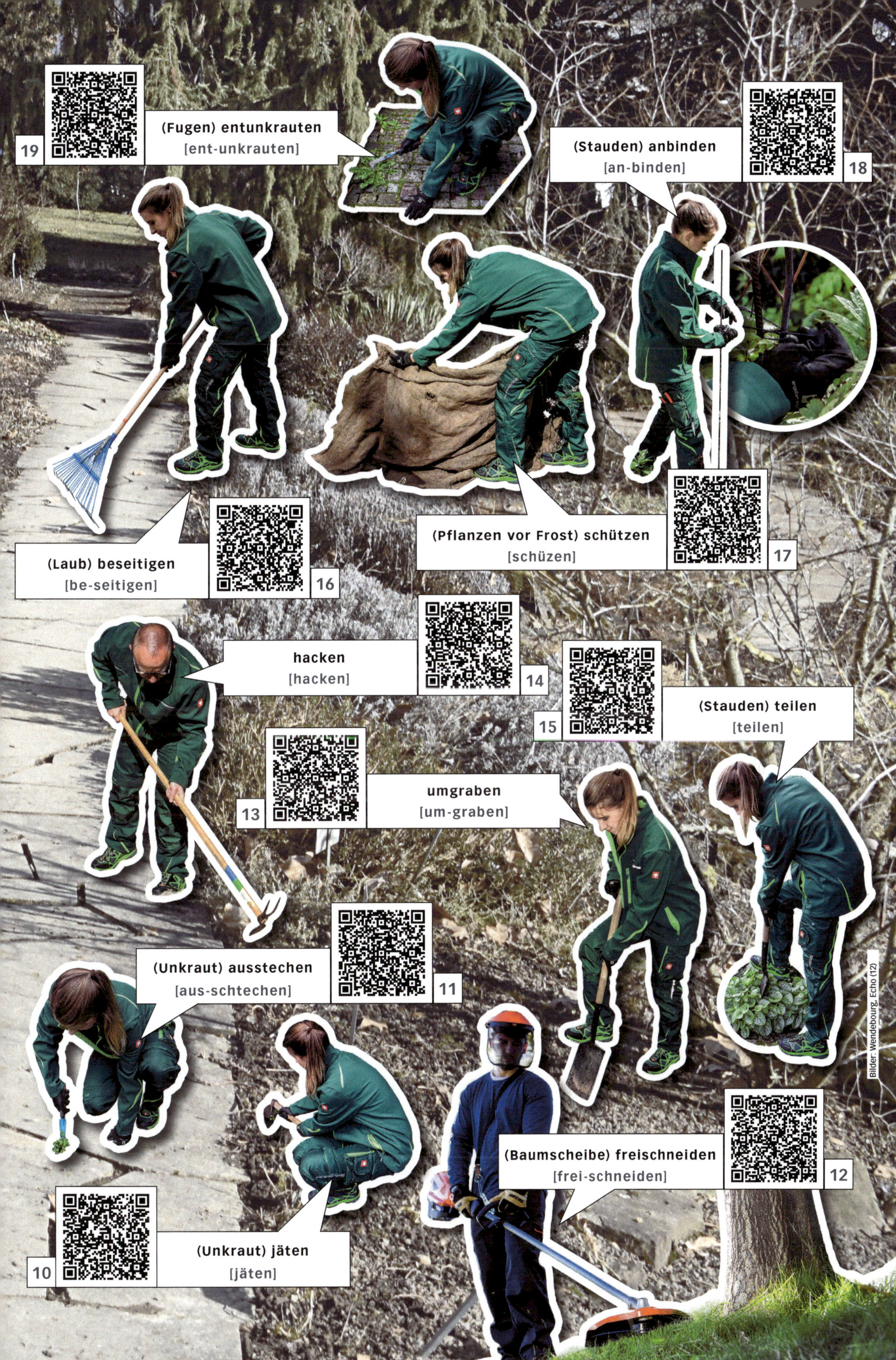

Bilder: Wendebourg, Echo (12)

087 Der Obstbaumschnitt

01

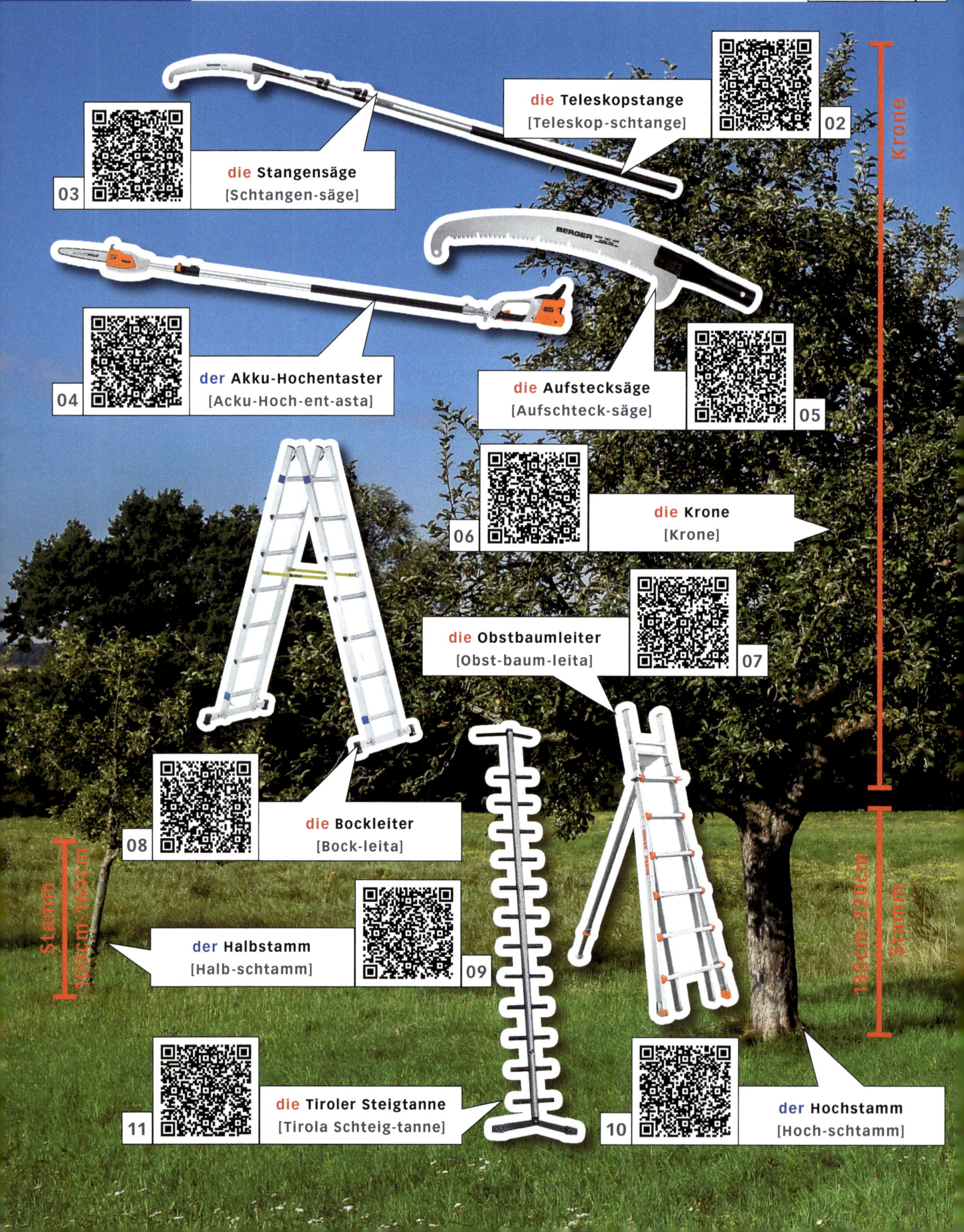

02 **die Teleskopstange** [Teleskop-schtange]

03 **die Stangensäge** [Schtangen-säge]

04 **der Akku-Hochentaster** [Acku-Hoch-ent-asta]

05 **die Aufstecksäge** [Aufschteck-säge]

06 **die Krone** [Krone]

07 **die Obstbaumleiter** [Obst-baum-leita]

08 **die Bockleiter** [Bock-leita]

09 **der Halbstamm** [Halb-schtamm]

10 **der Hochstamm** [Hoch-schtamm]

11 **die Tiroler Steigtanne** [Tirola Schteig-tanne]

Krone

Stamm 180cm-220cm

Stamm 100cm-160cm

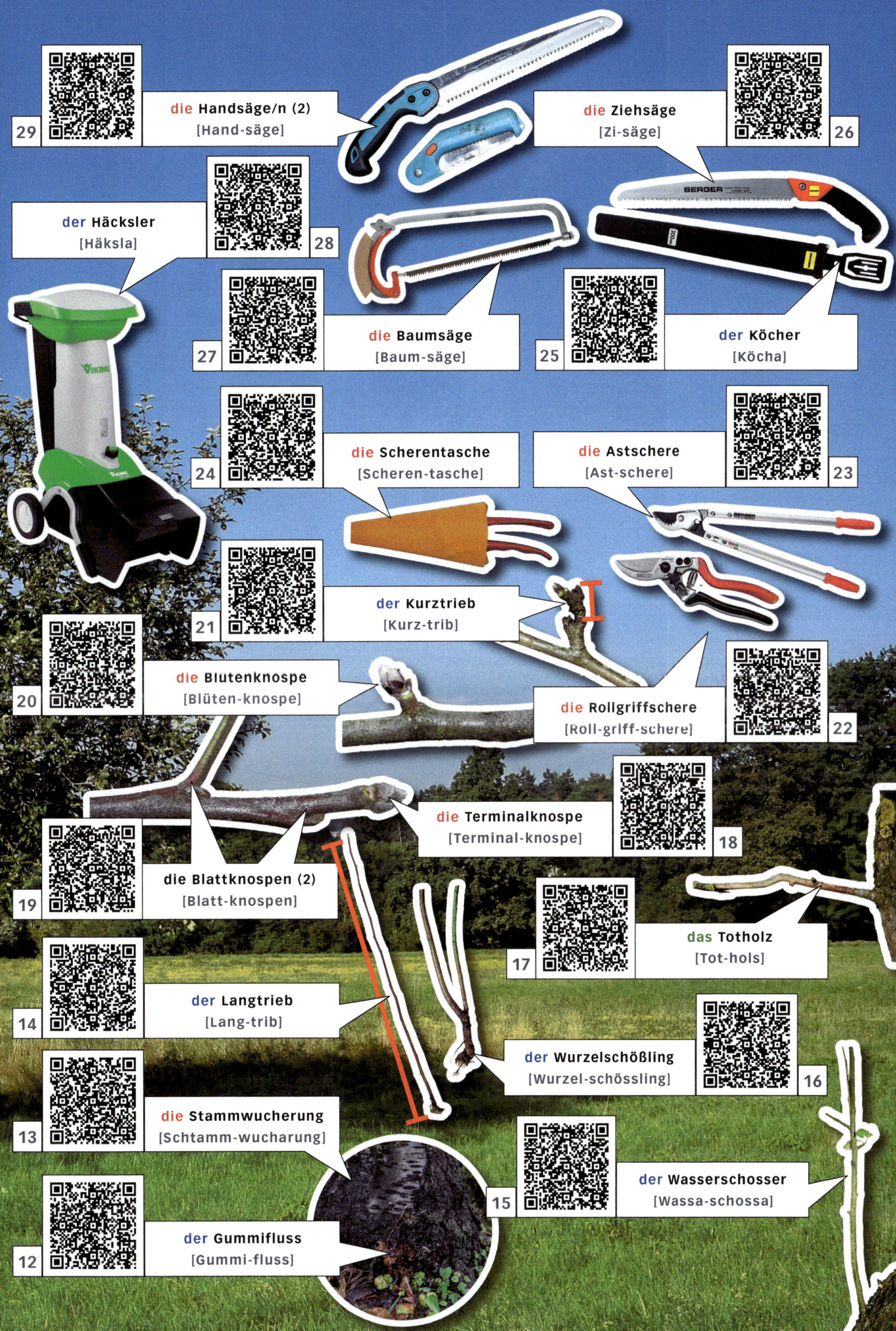

29 die Handsäge/n (2) [Hand-säge]
die Ziehsäge [Zi-säge] 26
der Häcksler [Häksla] 28
27 die Baumsäge [Baum-säge]
25 der Köcher [Köcha]
24 die Scherentasche [Scheren-tasche]
die Astschere [Ast-schere] 23
21 der Kurztrieb [Kurz-trib]
20 die Blutenknospe [Blüten-knospe]
die Rollgriffschere [Roll-griff-schere] 22
die Terminalknospe [Terminal-knospe] 18
19 die Blattknospen (2) [Blatt-knospen]
17 das Totholz [Tot-hols]
14 der Langtrieb [Lang-trib]
der Wurzelschößling [Wurzel-schössling] 16
13 die Stammwucherung [Schtamm-wucharung]
15 der Wasserschosser [Wassa-schossa]
12 der Gummifluss [Gummi-fluss]

Gehölze und Hecken schneiden

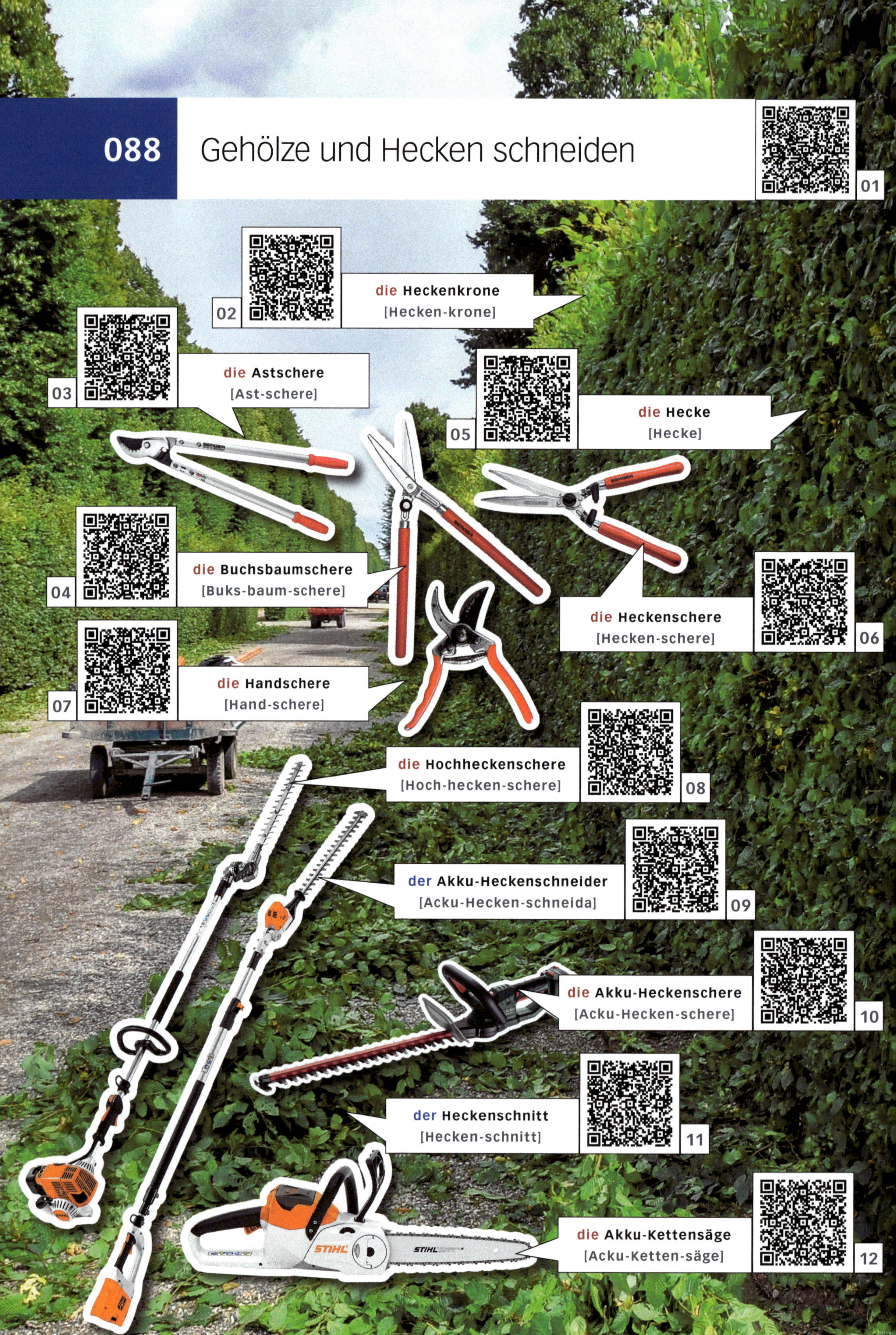

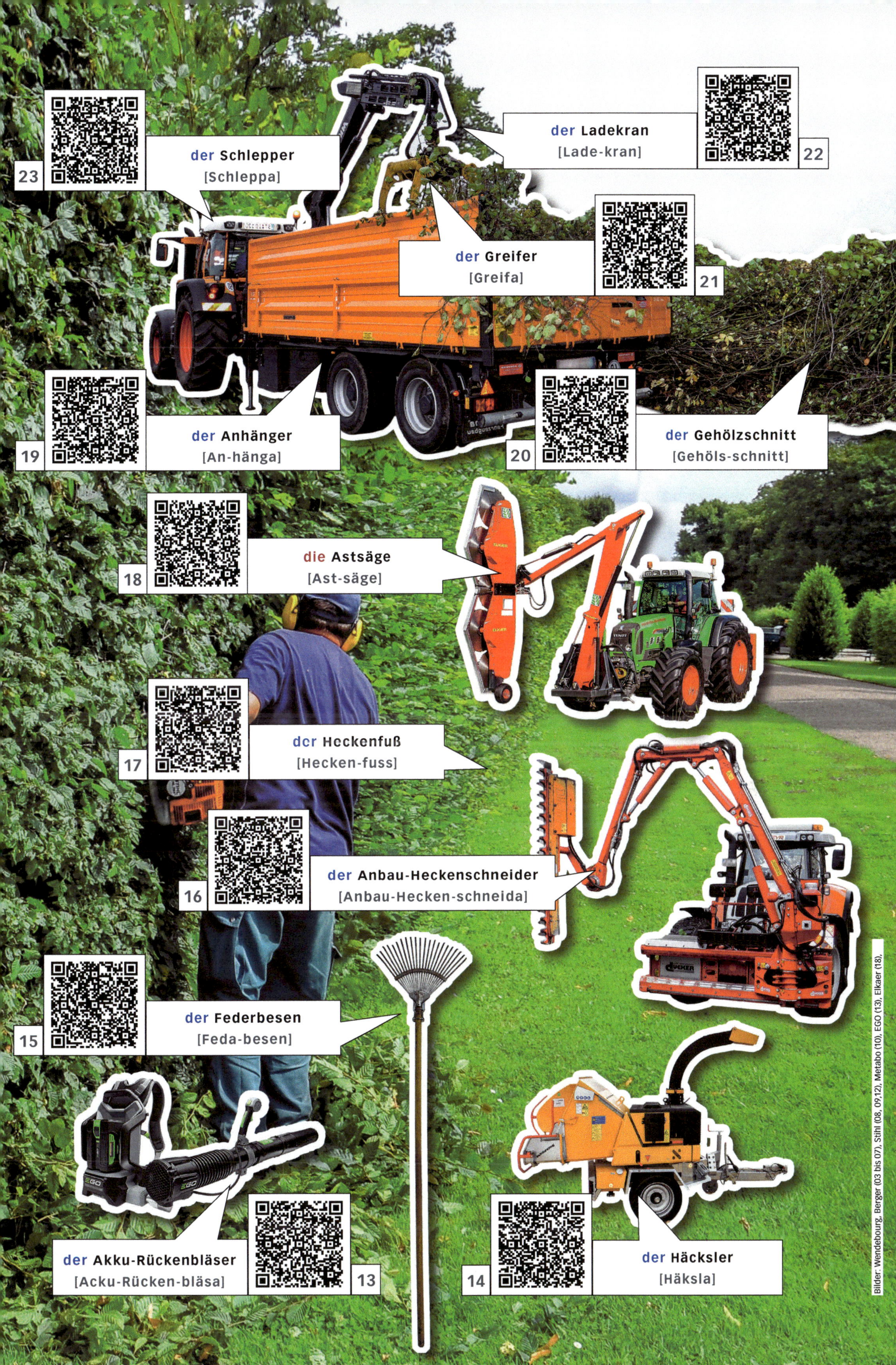

23
der Schlepper
[Schleppa]
der Ladekran
[Lade-kran]
22
der Greifer
[Greifa]
21
19
der Anhänger
[An-hänga]
20
der Gehölzschnitt
[Gehöls-schnitt]
18
die Astsäge
[Ast-säge]
17
der Heckenfuß
[Hecken-fuss]
16
der Anbau-Heckenschneider
[Anbau-Hecken-schneida]
15
der Federbesen
[Feda-besen]
der Akku-Rückenbläser
[Acku-Rücken-bläsa]
13
14
der Häcksler
[Häksla]
Bilder: Wendebourg, Berger (03 bis 07), Stihl (08, 09,12), Metabo (10), EGO (13), Elkaer (18),

Die Baumpflege

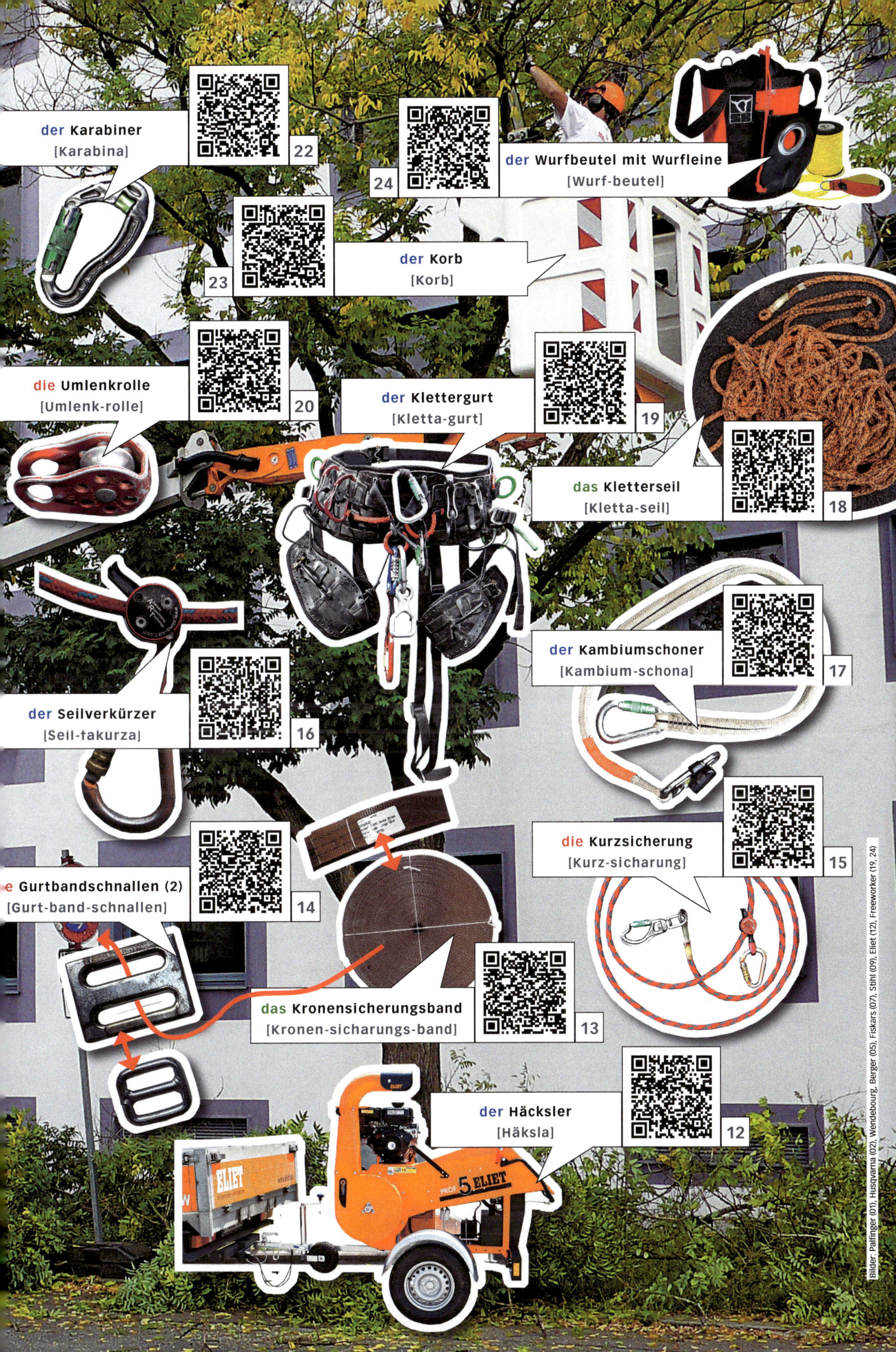
der Karabiner
[Karabina]
22
der Wurfbeutel mit Wurfleine
[Wurf-beutel]
24
der Korb
[Korb]
23
die Umlenkrolle
[Umlenk-rolle]
20
der Klettergurt
[Kletta-gurt]
19
das Kletterseil
[Kletta-seil]
18
der Kambiumschoner
[Kambium-schona]
17
der Seilverkürzer
[Seil-fakurza]
16
die Kurzsicherung
[Kurz-sicharung]
15
e Gurtbandschnallen (2)
[Gurt-band-schnallen]
14
das Kronensicherungsband
[Kronen-sicharungs-band]
13
der Häcksler
[Häksla]
12
ELIET
PROF 5 ELIET
Bilder: Palfinger (01), Husqvarna (02), Wendebourg, Berger (05), Fiskars (07), Stihl (09), Eliet (12), Freeworker (19, 24)

090 Bäume pflegen

01

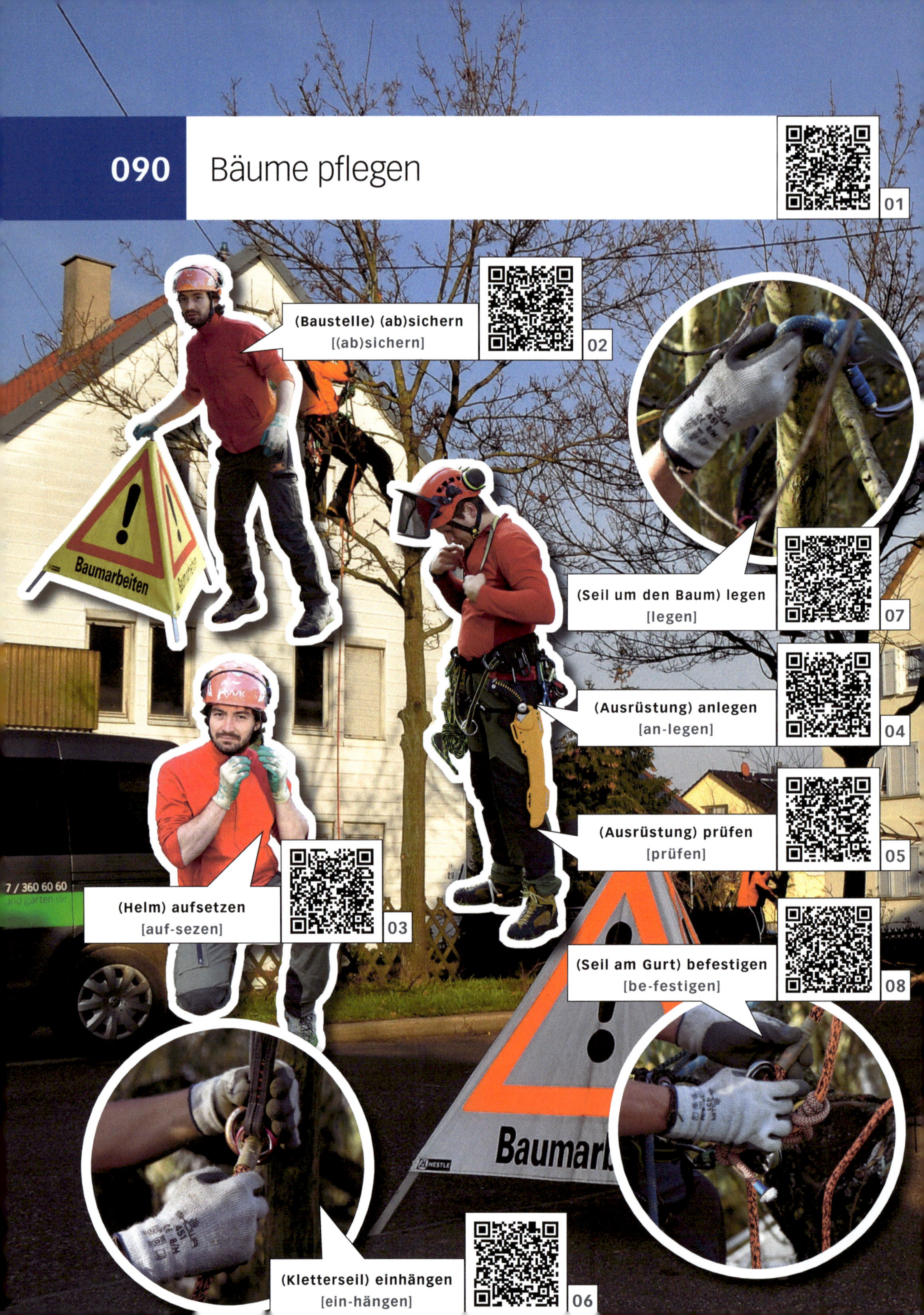

(Baustelle) (ab)sichern
[(ab)sichern]
02

(Helm) aufsetzen
[auf-sezen]
03

(Ausrüstung) anlegen
[an-legen]
04

(Ausrüstung) prüfen
[prüfen]
05

(Kletterseil) einhängen
[ein-hängen]
06

(Seil um den Baum) legen
[legen]
07

(Seil am Gurt) befestigen
[be-festigen]
08

Bilder: Hörmann (1 bis 9, 14), Wendebourg (11 bis 13, Hintergrundbild)

091 Bäume fällen

27
der Fällkeil
[Fäll-keil]
der hydraulische Fällkeil
[hüdraulischa Fäll-keil]
28
die Motorwinde
[Motor-winde]
26
24
der Spalthammer
[Schpalt-hamma]
der Sappie
[Sappi]
25
23
der Fällheber
[Fäll-heba]
21
die Handpackzange
[Hand-pack-zange]
die Wendehaken (2)
[Wende-haken]
22
das Kettensägenöl
[Ketten-sägen-öl]
20
18
die Wurzelratte
[Wurzel-ratte]
der Kombikanister
[Kombi-kanista]
19
17
die Stubbenfräse
[Schtubben-fräse]
15
der Fällkerbkeil
[Fell-kerp-keil]
der Holzkeil
[Hols-keil]
16

092 Holz verarbeiten

01

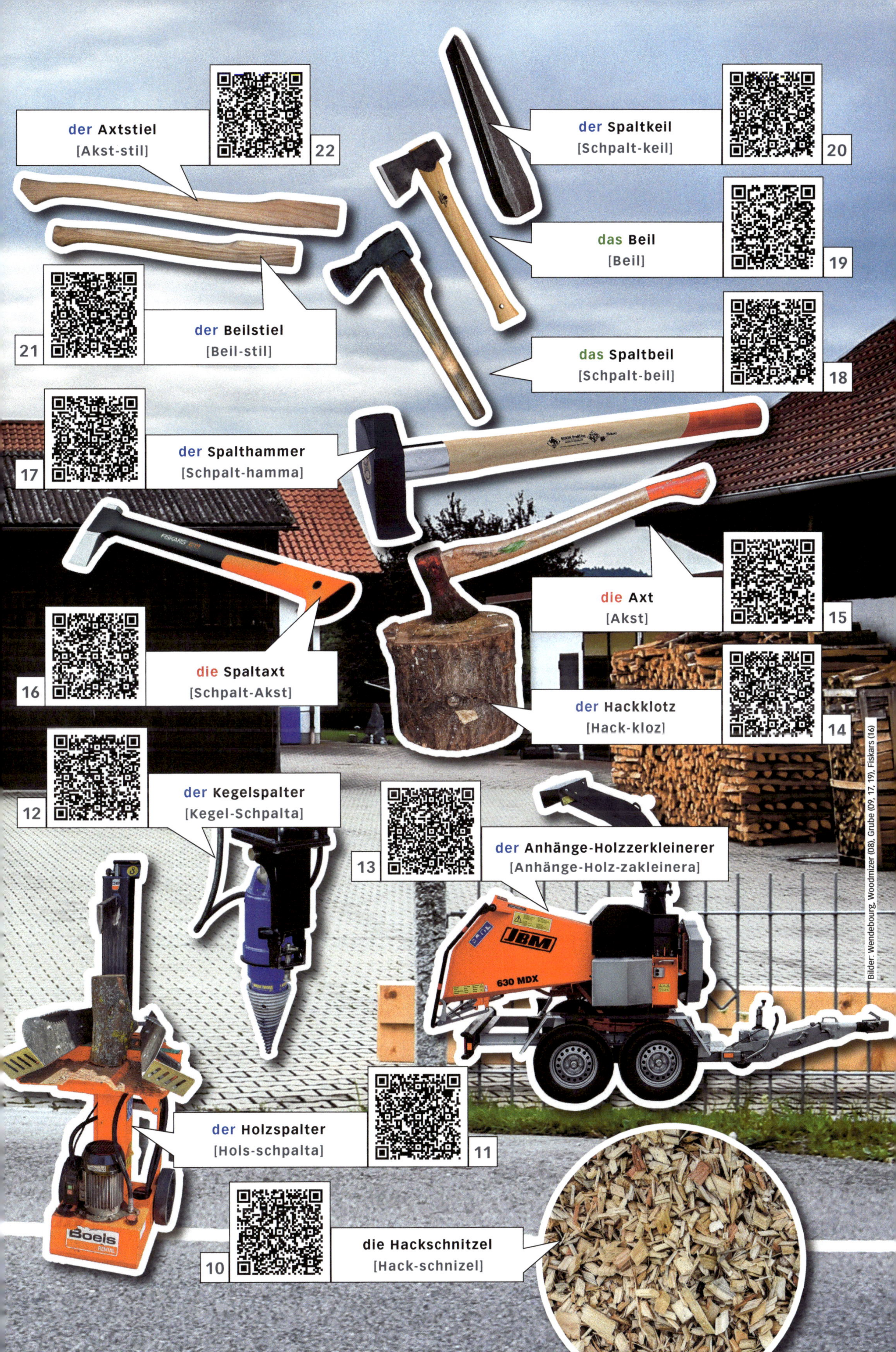

Bilder: Wendebourg, Woodmizer (08), Grube (09, 17, 19), Fiskars (16)

093
Fällen, sägen und entsorgen
01
(Fällschnitt) ansetzen
[an-sezen]
02
(Baum) fällen
[fällen]
03
(Fällkeil) einschlagen
[ein-schlagen]
04
(Baum) umkeilen
[um-keilen]
05
(Stamm) absetzen
[ab-sezen]
06
(Säge) ansetzen
[an-setzen]
07
absägen
[ab-sägen]
08
(Stamm) entasten
[ent-asten]
09

Bilder: Wendebourg, Neub (02 bis 05, 09, 12, 13, 15), Zimmerling (08), Garbe (10, 11), Wurotec (16)

094 Laub beseitigen

Bilder: Wendebourg, Stihl (4), Eliet (10), Echo (15), Kersten (14), Maytec (16)

095 Die Flächenreinigung

01

Säubern

der Heißwasser-Hochdruckreiniger
[Heiss-wassa-Hoch-druck-reiniga] 02

03 **der Kaltwasser-Hochdruckreiniger**
[Kalt-wassa-Hoch-druck-reiniga]

das Pflasterreinigungsgerät
[Flasta-reinigungs-gerät] 04

Fegen und Müllsammeln

die Müllgreifzangen (3)
[Müll-greif-zangen]

06 **die Sammellanze**
[Sammel-lanze]

07 **die Standkehrschaufel**
[Schtand-ker-schaufel]

der Handwagen
[Hand-wagen] 08

09 **der Reisstrohbesen**
[Reis-schtro-besen]

der Straßenbesen
[Schtraassen-besen] 10

Kehren
der Sammelbehälter
[Sammel-behälta]
22
die Aufbau-Kehrmaschine
[Aufbau-Ker-maschine]
23
die Kompakt-Kehrmaschine
[Kompakt-Ker-maschine]
21
die Anbau-Kehrmaschine
[Anbau-Ker-maschine]
20
die Bürste/n (2)
[Bürsten]
19
die Akku-Kehrmaschine
[Acku-Ker-maschine]
18
die Kehrsaugmaschine
[Ker-saug-maschine]
16
die Kehrmaschine
[Ker-maschine]
17
Fugenreinigen/Unkraut beseitigen
die Wildkrautbürste
[Wildkraut-bürste]
14
15
der Fugenkratzer
[Fugen-kraza]
die Gasflasche
[Gas-flasche]
12
das Abflammgerät
[Abflamm-gerät]
11
13
das Heißwassergerät
[Heiss-wassa-gerät]
Bilder: Wendebourg, Kärcher (02, 03),4F (14), Flora (05 bis 09), Aebi Schmidt (23)

Flächen räumen und reinigen

01

Winterdienst

(Schnee) schieben
[schiben]
02

03
(Schnee) räumen
[reumen]

(Schnee) schaufeln
[schaufeln]
04

05
(Salz/Granulat) streuen
[schtreuen]

(Fläche) abspritzen
[ab-schprizen]
06

Fläche reinigen
13
(Wegedecke) entunkrauten
[ent-un-krauten]
(Schmutz) zusammenkehren
[zusammen-keren]
14
(Fläche) fegen
[fegen]
12
(Schmutz) aufkehren
[auf-keren]
11
Laub beseitigen
10
(Laub) einsammeln
[ein-sammeln]
07
(Laub) zusammenrechen
[zusammen-rechen]
(Laub) blasen
[blasen]
09
08
(Laub) saugen
[saugen]
Bilder: Wendebourg

097 Der Winterdienst

01

der Tellerstreuer
[Tella-schtreua]
03

der Kastenstreuer
[Kasten-schtreua]
02

die Schneefräse
[Schnee-fräse]
04

der Straßenbesen
[Schtraassen-besen]
05

der Eisstößer
[Eis-schtössa]
06

die Schneewanne
[Schnee-wanne]
09

der Schneeräumer
[Schnee-reuma]
08

das Warnschild (Glätte!)
[Waan-schild]
07

die Schneeschaufel
[Schnee-schaufel]
10

das Räumschild
[Reum-schild]
18
KÜPER KÜPER KÜPER KÜPER KÜPER KÜPER
17
das Salzsilo
[Salz-silo]
BACKBAG E-PLUS
ERCO FDSP-25
der Solesprüher
[Sole-schprüa]
16
der Anbau-Kastenstreuer
[Anbau-Kasten-schtreua]
15
epoke
City Sprayer
die Schneekette
[Schnee-kette]
14
der Splitt (Streugut)
[Schplitt]
13
Ihr Winterdienst
Fon 0531.72024
www.Junicke.de
die Streutgutbox
[Schtreu-gut-boks]
11
STREUSALZ
PREMIUM
25kg
das Streusalz (im Sack)
[Schtreu-salz]
12

098 Recycling und Entsorgung

01

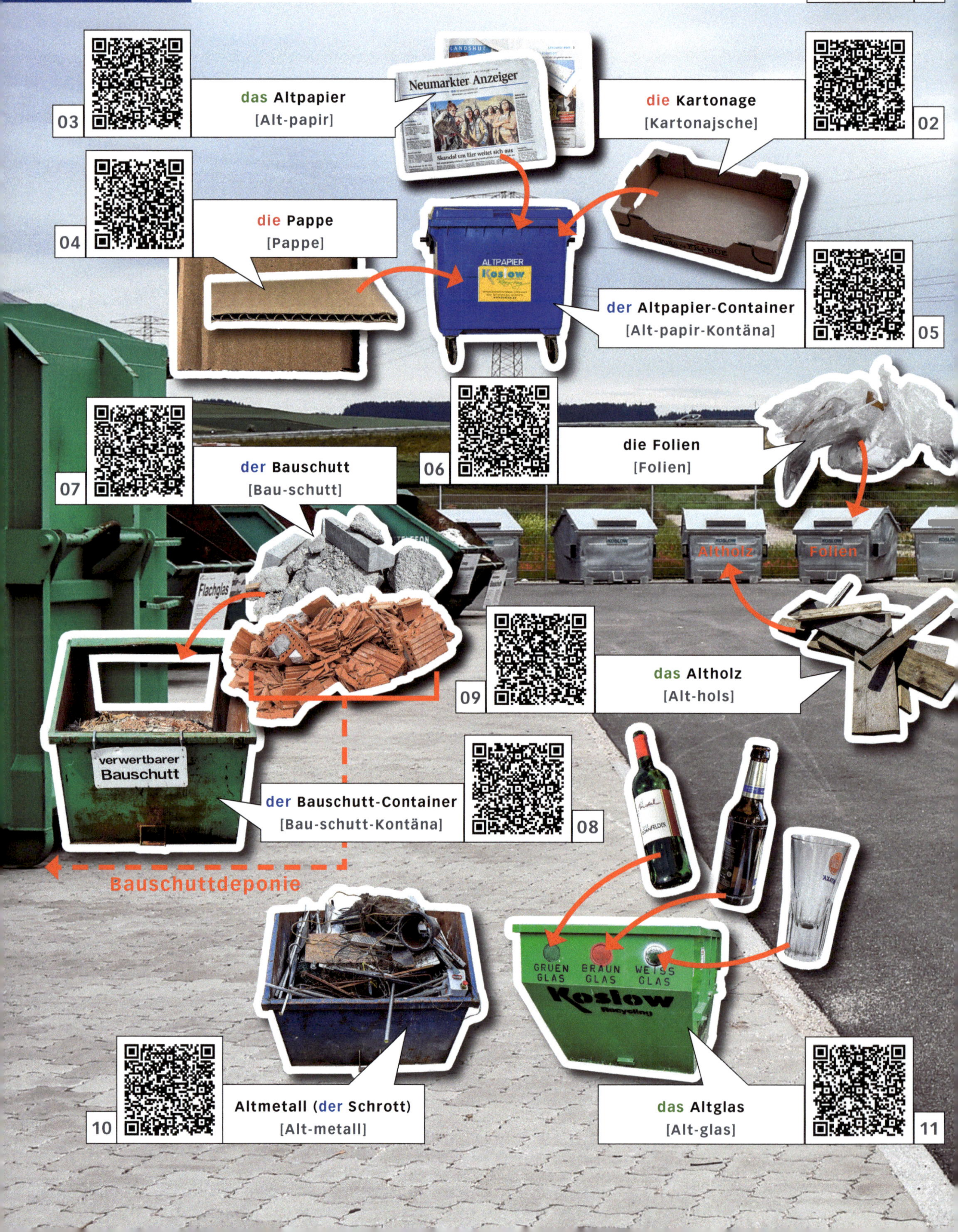

02 die Kartonage [Kartonajsche]
03 das Altpapier [Alt-papir]
04 die Pappe [Pappe]
05 der Altpapier-Container [Alt-papir-Kontäna]
06 die Folien [Folien]
07 der Bauschutt [Bau-schutt]
08 der Bauschutt-Container [Bau-schutt-Kontäna]
09 das Altholz [Alt-hols]
10 Altmetall (der Schrott) [Alt-metall]
11 das Altglas [Alt-glas]
Neumarkter Anzeiger
ALTPAPIER
Koslow
Altholz
Folien
Flachglas
verwertbarer Bauschutt
Bauschuttdeponie
GRUEN GLAS
BRAUN GLAS
WEISS GLAS
Koslow Recycling

22
der Grüne Punkt
[Grüna Punkt]
die Mülltonne
[Müll-tonne]
23
21
die Verpackungen
[Fapackungen]
17
das Mähgut
[Mä-gut]
der Gelbe Sack
[Gelba Sack]
20
der Gehölzschnitt
[Gehöls-schnitt]
18
Grüngut
der Staudenschnitt
[Schtauden-schnitt]
19
16
der Grünschnitt
[Grün-schnitt]
15
die Euro-Palette/n
[Euro-Paletten]
Pfandsystem
die Batterie/n
[Battarien]
12
10-20€
13
die Pfandflasche/n (3)
[Fand-flaschen]
8-25cent
Batterien
14
die Getränkedose/n
[Getränke-dosen]
25cent
Bilder: Wendebourg

099 Krankheiten, Schädlinge und Unkräuter bekämpfen

02 der Schutzanzug
[Schuz-anzug]

03 die Vollmaske
[Voll-maske]

04 das Fachbuch
[Fach-buch]

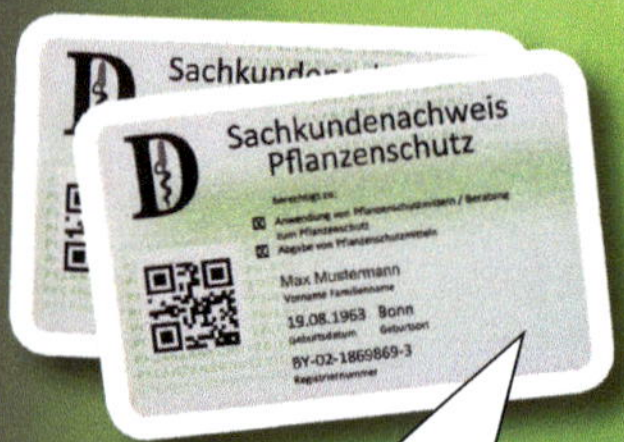

05 der Sachkundeausweis
[Sach-kunde-ausweis]

06 der Gummihandschuh
[Gummi-hand-schu]

07 der Pflanzenschutzmittelschrank
[Flanzen-schuz-mittel-schrank]

08 der Messzylinder
[Mess-zilinda]

09 der Messbecher
[Mess-becha]

10 das Pflanzenschutzmittel
[Flanzen-schuz-mittel]

Gebinde

Kanister

Flasche

Karton

11 der Trichter
[Trichta]

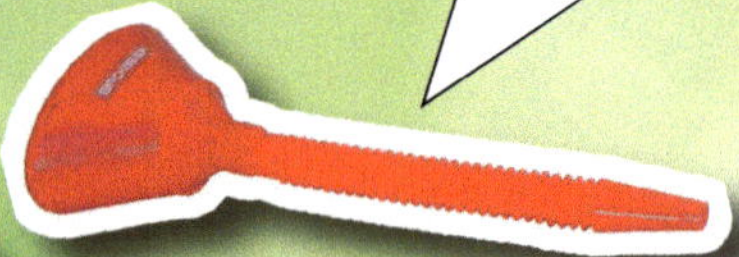

12 die Gelbtafeln
[Gelb-tafeln]

13 das Unkraut
[Un-kraut]

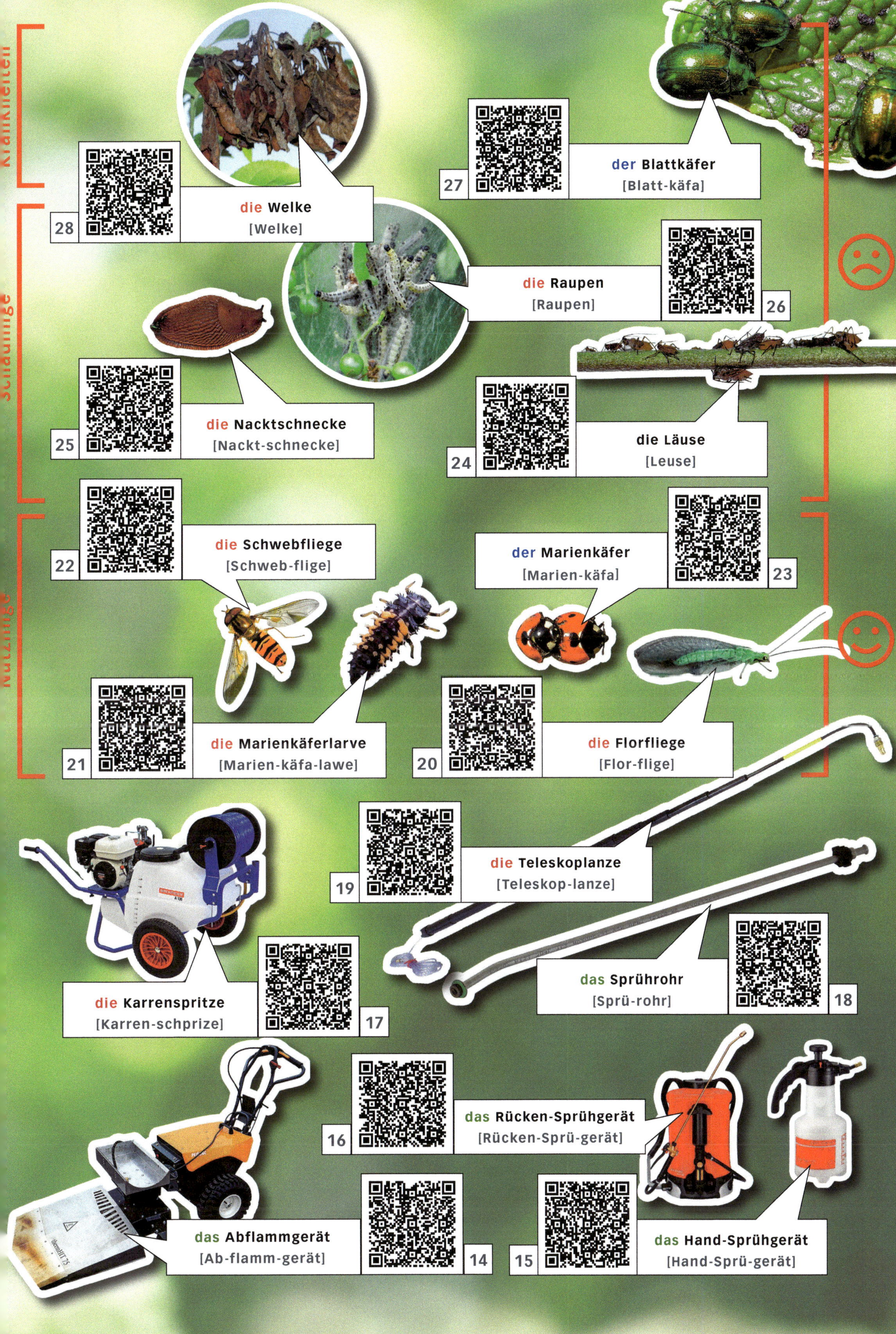

27
der Blattkäfer
[Blatt-käfa]
28
die Welke
[Welke]
die Raupen
[Raupen]
26
25
die Nacktschnecke
[Nackt-schnecke]
24
die Läuse
[Leuse]
22
die Schwebfliege
[Schweb-flige]
der Marienkäfer
[Marien-käfa]
23
21
die Marienkäferlarve
[Marien-käfa-lawe]
20
die Florfliege
[Flor-flige]
19
die Teleskoplanze
[Teleskop-lanze]
das Sprührohr
[Sprü-rohr]
18
die Karrenspritze
[Karren-schprize]
17
16
das Rücken-Sprühgerät
[Rücken-Sprü-gerät]
das Abflammgerät
[Ab-flamm-gerät]
14
15
das Hand-Sprühgerät
[Hand-Sprü-gerät]

100 Pause/Brotzeit/Vesper/Feierabend

01

02 die Banane
[Banane]

03 der Apfel
[Apfel]

das Obst
[Obst] 04

Obst

die Möhre (die Karotte)
[Möre] 05

die Gurke
[Gurke] 06

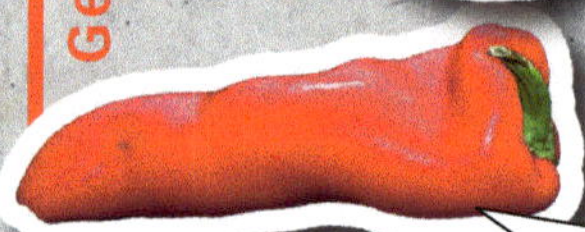

die Paprika
[Paprika] 07

08 das Gemüse
[Gemüse]

Gemüse

09 die Semmel
[Semmel]

10 das Brötchen
[Brötchen]

11 die Brezel
[Brezel]

12 das Ei
[Ei]

das Butterbrot
[Butta-brot] 13

14 die Pausenbox
[Pausen-boks]

15 die Zeitung
[Zeitung]

die Fachzeitschrift/en
[Fach-zeitschriften] 16

Bilder: Wendebourg, von Freyberg (16)

101 Essbare Früchte und Nüsse

01

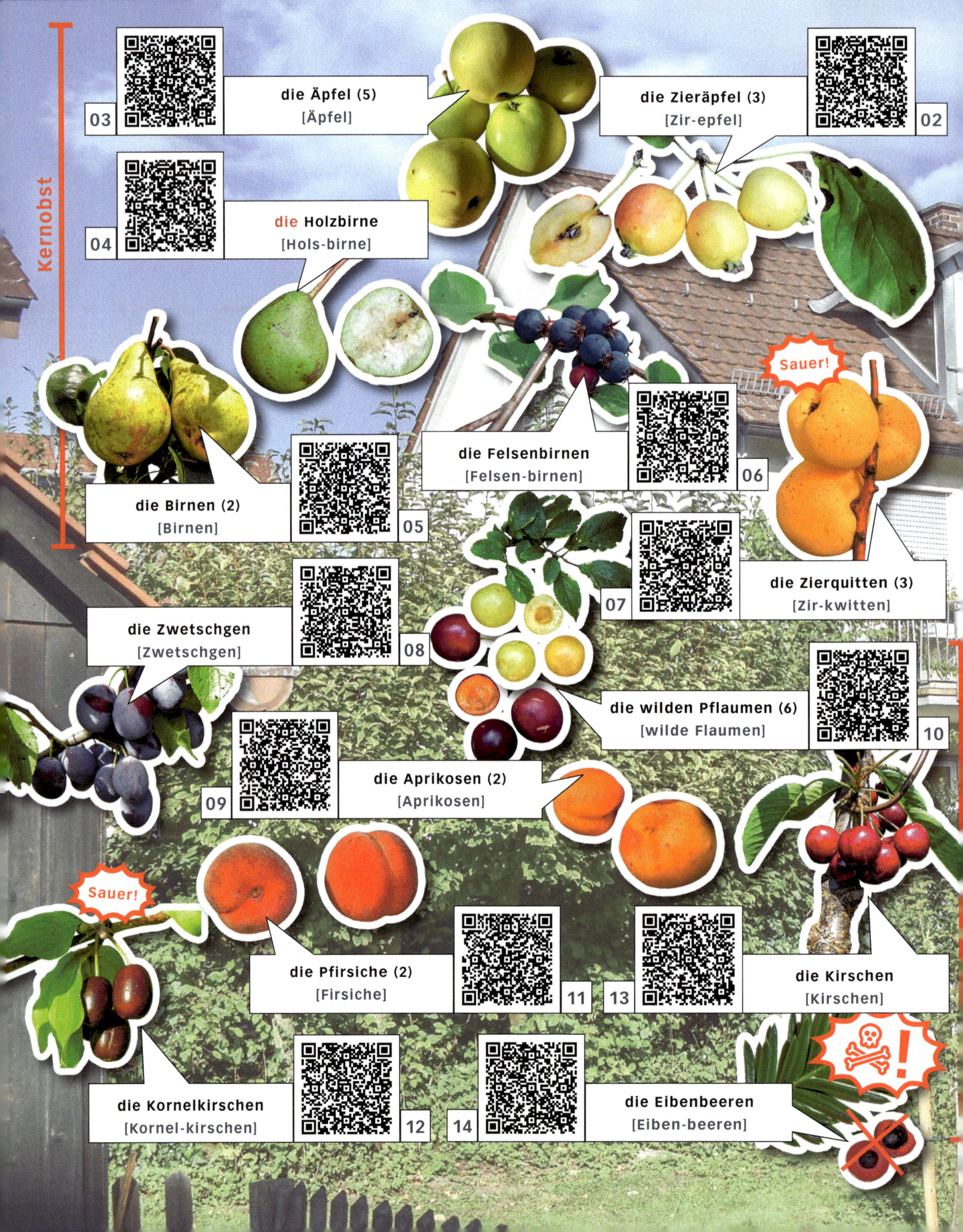

Kernobst

03 die Äpfel (5)
[Äpfel]

02 die Zieräpfel (3)
[Zir-epfel]

04 die Holzbirne
[Hols-birne]

05 die Birnen (2)
[Birnen]

06 die Felsenbirnen
[Felsen-birnen]

Sauer!

07 die Zierquitten (3)
[Zir-kwitten]

08 die Zwetschgen
[Zwetschgen]

10 die wilden Pflaumen (6)
[wilde Flaumen]

09 die Aprikosen (2)
[Aprikosen]

Sauer!

11 die Pfirsiche (2)
[Firsiche]

13 die Kirschen
[Kirschen]

12 die Kornelkirschen
[Kornel-kirschen]

14 die Eibenbeeren
[Eiben-beeren]

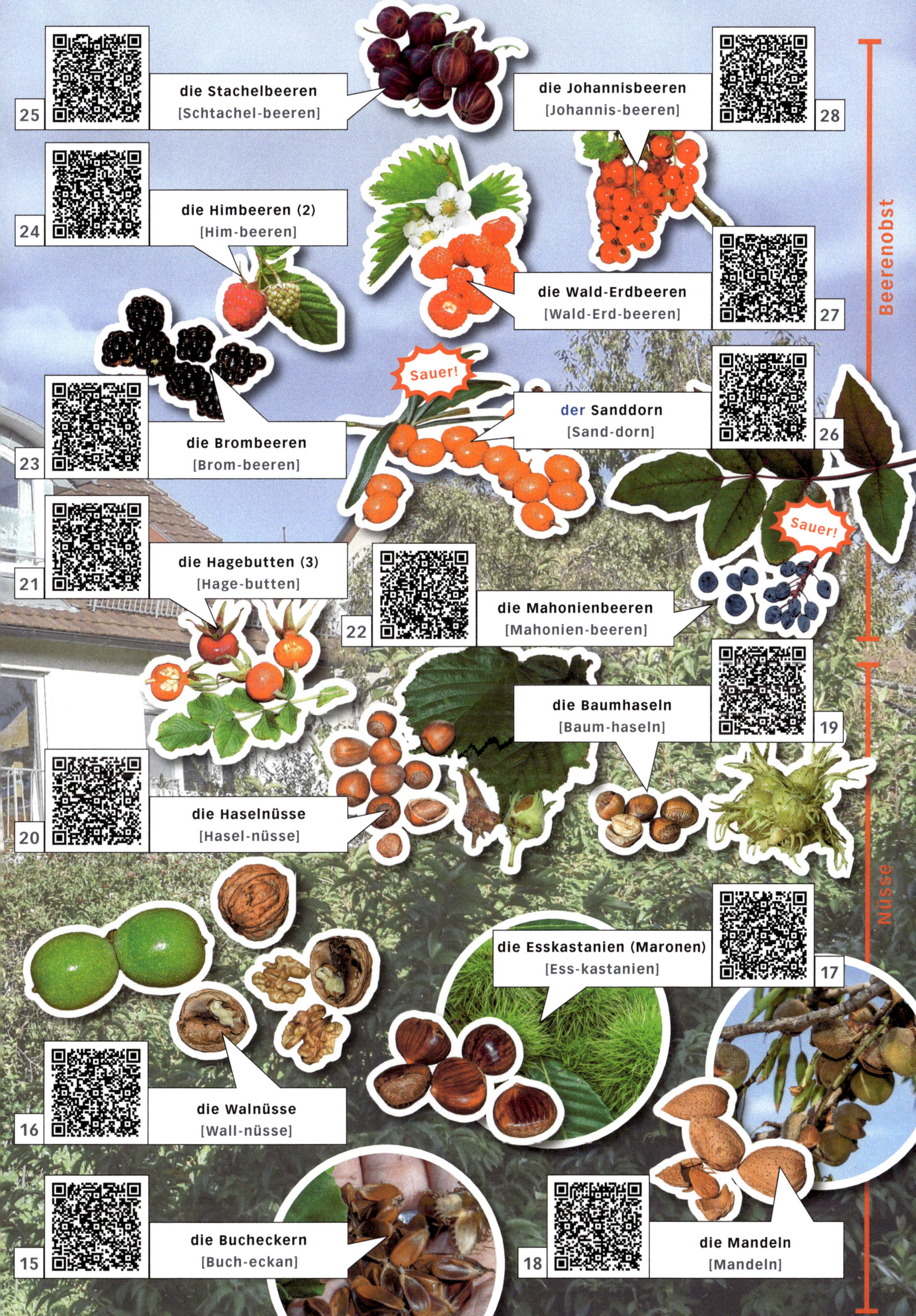
25
die Stachelbeeren
[Schtachel-beeren]
die Johannisbeeren
[Johannis-beeren]
28
24
die Himbeeren (2)
[Him-beeren]
die Wald-Erdbeeren
[Wald-Erd-beeren]
27
Beerenobst
Sauer!
23
die Brombeeren
[Brom-beeren]
der Sanddorn
[Sand-dorn]
26
21
die Hagebutten (3)
[Hage-butten]
22
die Mahonienbeeren
[Mahonien-beeren]
Sauer!
die Baumhaseln
[Baum-haseln]
19
20
die Haselnüsse
[Hasel-nüsse]
Nüsse
die Esskastanien (Maronen)
[Ess-kastanien]
17
16
die Walnüsse
[Wall-nüsse]
15
die Bucheckern
[Buch-eckan]
18
die Mandeln
[Mandeln]

Die in diesem Buch enthaltenen Empfehlungen und Angaben sind vom Autor mit größter Sorgfalt zusammengestellt und geprüft worden. Eine Garantie für die Richtigkeit der Angaben kann aber nicht gegeben werden. Autor und Verlag übernehmen keine Haftung für Schäden und Unfälle. Bitte setzen Sie bei der Anwendung der in diesem Buch enthaltenen Empfehlungen Ihr persönliches Urteilsvermögen ein. Der Verlag Eugen Ulmer ist nicht verantwortlich für die Inhalte der im Buch genannten Websites.

Anmerkung zur Schreibweise (Gendering) der weiblichen, männlichen und unbestimmten Form: Ausschließlich aufgrund der deutlich besseren Lesbarkeit wird in diesem Werk auf die jeweilige Mehrfachnennung oder Anpassung der Schreibweise bestimmter Bezeichnungen verzichtet.

Bibliografische Information der Deutschen Nationalbibliothek
Die Deutsche Nationalbibliothek verzeichnet diese Publikation in der Deutschen Nationalbibliografie; detaillierte bibliografische Daten sind im Internet über http://dnb.d-nb.de abrufbar.

Wollgrasweg 41, 70599 Stuttgart (Hohenheim)
E-Mail: info@ulmer.de
Internet: www.ulmer.de
Herstellung: Martina Weber
Umschlaggestaltung: Verlag Eugen Ulmer
Titelbild (Hintergrund): colourbox.de
Layout und Bildbearbeitung: Anna Schwan, Schorndorf
Serienkonzeption: Ralf Weinmann, Stuttgart
Druck und Bindung: Elanders GmbH, Waiblingen
Printed in Germany

ISBN 978-3-8186-1561-1